Ghizlane Abdelli

Ozonation catalytique de triazines et de méthylamines

Ghizlane Abdelli

Ozonation catalytique de triazines et de méthylamines

Procédé d'oxydation avancée appliqué au traitements des eaux usées

Presses Académiques Francophones

Impressum / Mentions légales
Bibliografische Information der Deutschen Nationalbibliothek: Die Deutsche Nationalbibliothek verzeichnet diese Publikation in der Deutschen Nationalbibliografie; detaillierte bibliografische Daten sind im Internet über http://dnb.d-nb.de abrufbar.
Alle in diesem Buch genannten Marken und Produktnamen unterliegen warenzeichen-, marken- oder patentrechtlichem Schutz bzw. sind Warenzeichen oder eingetragene Warenzeichen der jeweiligen Inhaber. Die Wiedergabe von Marken, Produktnamen, Gebrauchsnamen, Handelsnamen, Warenbezeichnungen u.s.w. in diesem Werk berechtigt auch ohne besondere Kennzeichnung nicht zu der Annahme, dass solche Namen im Sinne der Warenzeichen- und Markenschutzgesetzgebung als frei zu betrachten wären und daher von jedermann benutzt werden dürften.

Information bibliographique publiée par la Deutsche Nationalbibliothek: La Deutsche Nationalbibliothek inscrit cette publication à la Deutsche Nationalbibliografie; des données bibliographiques détaillées sont disponibles sur internet à l'adresse http://dnb.d-nb.de.
Toutes marques et noms de produits mentionnés dans ce livre demeurent sous la protection des marques, des marques déposées et des brevets, et sont des marques ou des marques déposées de leurs détenteurs respectifs. L'utilisation des marques, noms de produits, noms communs, noms commerciaux, descriptions de produits, etc, même sans qu'ils soient mentionnés de façon particulière dans ce livre ne signifie en aucune façon que ces noms peuvent être utilisés sans restriction à l'égard de la législation pour la protection des marques et des marques déposées et pourraient donc être utilisés par quiconque.

Coverbild / Photo de couverture: www.ingimage.com

Verlag / Editeur:
Presses Académiques Francophones
ist ein Imprint der / est une marque déposée de
OmniScriptum GmbH & Co. KG
Heinrich-Böcking-Str. 6-8, 66121 Saarbrücken, Deutschland / Allemagne
Email: info@presses-academiques.com

Herstellung: siehe letzte Seite /
Impression: voir la dernière page
ISBN: 978-3-8416-3411-5

Zugl. / Agréé par: Poitiers, Université de Poitiers, 2013

Ghizlane ABDELLI

Ozonation catalytique de triazines et de méthylamines

" Yes, as every one knows, meditation and water are wedded for ever. "
« Certes, chacun le sait, l'eau et la méditation vont de pair à jamais. »
H. Melville, Moby Dick

À mes parents
À ma grand-mère

RESUME

Ce sujet appartient à la problématique de la dépollution des eaux. Parmi les progrès dans le traitement de l'eau, les procédés d'oxydation avancés AOP (Advanced Oxidation Process) apportent une solution en oxydant un grand nombre de molécules organiques. Le but du présent travail était d'étudier la faisabilité de la dégradation de l'acide cyanurique, la mélamine, la méthylamine et la diméthylamine par ozonation en présence et en absence de catalyseur, ainsi que d'identifier les sous-produits et l'évolution de la toxicité.

Dans un premier temps, il a été montré que l'acide cyanurique (une triazine réfractaire à l'ozonation et à plusieurs oxydants) peut se dégrader par ozonation catalytique. L'étude cinétique de l'ozonation catalytique a été réalisée. La variation de la dégradation en fonction de plusieurs paramètres a été étudiée. De plus, les sous produits inorganiques et organiques ont été identifiés.

La comparaison de l'ozonation et l'ozonation catalytique de la mélamine montre l'amélioration de la dégradation de ce composé en présence de catalyseur. Une corrélation entre l'augmentation de pH et l'élimination de mélamine a été observée. Nos travaux mettent en évidence la production plus importante de l'ion nitrate par rapport à l'ion ammonium.

La dernière partie de résultats a montré que la diméthylamine peut être dégradée par ozonation comme par ozonation catalytique. La dégradation de la méthylamine est accélérée en présence de catalyseur. Les composés inorganiques ont été quantifiés. La N-Nitrosodiméthylamine et le nitrométhane ont été identifiés comme sous-produits de dégradation de la diméthylamine. Seul le nitrométhane est détecté lors de l'ozonation et l'ozonation catalytique de la méthylamine.

Mots clés:

Ozonation, ozonation catalytique, catalyse hétérogène, solution aqueuse, acide cyanurique, mélamine, méthylamine, diméthylamine, cinétique de dégradation, sous-produits, toxicité.

ABSTRACT

This study evoque the problem of water pollution. Among the advances in the treatment of water, advanced oxidation processes (AOPs) provide a solution by oxidizing a large number of organic molecules. The aim of this work was to study the feasibility of the degradation of cyanuric acid, melamine, methylamine and dimethylamine by ozonation in the presence or the absence of catalyst, and to identify the by-products and the development of toxicity.

First, it was shown that cyanuric acid (a triazine refractory to ozonation and several oxidants) can be eliminated by catalytic ozonation. The kinetic study of the catalytic ozonation was performed. The variation of the degradation versus several parameters was studied. In addition, inorganic and organic by-products were identified.

Comparing the catalytic ozonation of melamine with ozonation showed the improvement of the degradation of this compound in the presence of catalyst. A correlation between the increase of pH and the elimination of melamine was observed. Our work highlighted the more important production of the nitrate ion compared to the ammonium ion.

In the last part, this work showed that dimethylamine could be degraded by ozonation as by catalytic ozonation. Methylamine was degraded better by catalytic ozonation. Inorganic compounds were quantified. N-Nitrosodimethylamine and Nitromethane were identified as degradation by-products of dimethylamine. Only Nitromethane was detected during the catalytic ozonation and ozonation of methylamine.

Keys words:

Ozonation, catalytic ozonation, heterogeneous catalysis, aqueous solution, cyanuric acid, melamine, methylamine, dimethylamine, kinetic, by-products, toxicity.

SOMMAIRE

CHAPITRE I : SYNTHESE BIBLIOGRAPHIQUE

CHAPITRE II : MATERIELS ET METHODES

CHAPITRE III : OXYDATION DE L'ACIDE CYANURIQUE EN SOLUTION AQUEUSE PAR OZONATION CATALYTIQUE

CHAPITRE IV : OXYDATION DE LA MELAMINE EN SOLUTION AQUEUSE PAR OZONATION CATALYTIQUE

CHAPITRE V : OXYDATION DE METHYLAMINES EN SOLUTION AQUEUSE PAR OZONATION CATALYTIQUE

INTRODUCTION GENERALE

INTRODUCTION GENERALE

Les pollutions liées aux rejets domestiques, agricoles ou industriels sont un danger réel pour la qualité des eaux de surface et souterraines. Nous nous intéressons particulièrement aux diverses pollutions existantes car elles ont des conséquences néfastes sur notre santé et celle des êtres vivants en général. La protection de notre environnement a nécessité une réglementation qui devient, de plus en plus contraignante au fil des années.

Les procédés d'oxydation trouvent leur place dans le traitement des eaux à potabiliser au niveau des étapes de préoxydation, oxydation intermédiaire, désinfection et dans l'épuration des eaux résiduaires urbaines ou industrielles. La dégradation oxydative peut être réalisée par des procédés mettant en œuvre le chlore, le bioxyde de chlore, ou l'ozone, seul ou associé à un autre agent qui initialise sa décomposition en radicaux hydroxyle. L'utilisation de catalyseur dans le procédé d'ozonation a fait l'objet de nombreuses études. Un effet catalytique vis-à-vis de l'ozonation en solution aqueuse a été démontré.

Le but de notre travail est d'étudier l'action de l'ozone en présence de catalyseur sur des molécules modèles de type triazines (l'acide cyanurique et la mélamine) et des méthylamines (la méthylamine et la diméthylamine). Parmi ces molécules, l'acide cyanurique est un composé réfractaire vis-à-vis de l'ozone moléculaire et des radicaux hydroxyle. Les travaux sont présentés sous la forme de cinq chapitres.

Le premier chapitre présente une synthèse bibliographique décrivant la chimie de l'ozone dans l'eau et les connaissances concernant l'ozonation en présence de catalyseur solide, les différentes molécules et effluents étudiés, les mécanismes d'action et l'élimination des triazines et des méthylamines par l'oxydation, en faisant le point des connaissances dans ce domaine.

Dans le deuxième chapitre sont exposés les dispositifs expérimentaux employés au cours de cette étude, les molécules modèles, le mode de préparation du catalyseur (protocole Technavox) ainsi que les différentes méthodes analytiques employées.

Le troisième chapitre qui regroupe la première partie des résultats concerne l'oxydation de l'acide cyanurique (CYA) en solution aqueuse par ozonation catalytique. L'objectif de cette étude est d'examiner l'impact de la présence du catalyseur sur l'élimination de l'acide cyanurique et de mieux comprendre les mécanismes impliqués dans le processus d'ozonation catalytique de cette molécule réfractaire à l'ozone. Les paramètres cinétiques des réactions d'oxydation par ozonation catalytique ont été déterminés et l'influence de plusieurs facteurs physico-chimiques sur cette dégradation a été étudiée. Certains sous-produits ont été identifiés.

Le quatrième chapitre concerne l'oxydation de la mélamine (MEL) en solution aqueuse par ozonation en présence et en absence de catalyseur. La cinétique de l'ozonation catalytique de la mélamine est discutée et des paramètres cinétiques ont été déterminés. Dans cette partie certains sous-produits d'ozonation catalytique ont été identifiés.

L'étude de la dégradation de la méthylamine (MA) et de la diméthylamine (DMA) par ozonation catalytique fait l'objet d'un cinquième chapitre avec un accent particulier sur la formation de la N-nitrosodiméthylamine. L'objectif de ces travaux est de décrire le comportement de ces deux amines simples vis-à-vis de l'ozonation catalytique par rapport à l'ozonation seule. L'effet du pH et de la concentration initiale de la diméthylamine ont été étudiés. Des sous-produits organiques et inorganiques de la méthylamine et de la diméthylamine formés au cours du traitement ont été identifiés.

Les résultats de l'ensemble des travaux sont discutés et des perspectives sont proposées.

General Introduction

Domestic, agricultural or industrial waste pollution are considered a real threat to the quality of surface and groundwater. Various existing pollution types are harmful because they present a negative impact on our health and on living beings in general. With years, protecting our environment required more stringent regulations.

Drinkable water's oxidizing processes are present in many treatment steps: preoxidation, intermediate oxidation, disinfection and purification of urban and industrial wastewater. Oxidative degradation can be achieved by processes involving chlorine, chlorine dioxide or ozone sometimes combined with another agent that initiates its decomposition into hydroxyl radicals. The use of catalyst in the ozonation process was been the subject of numerous studies. A catalytic effect toward the ozonation in aqueous solution has been demonstrated.

The aim of our work is to study the action of ozone in the presence of catalyst on model molecules with triazine (cyanuric acid and melamine) and methylamines (methylamine and dimethylamine) structures. Among these molecules, cyanuric acid is a refractory compound for molecular ozone and hydroxyl radicals. The work is presented by five chapters.

The first chapter is a literature description to the chemistry of ozone in water and known facts of ozonation in the presence of solid catalyst, different molecules and effluents studied, mechanisms of action and elimination of triazines and methylamines by oxidation, by stating known information in this area.

In the second chapter, experimental devices used in this study are exposed, the model molecules, the method of catalyst preparation (Technavox protocol) and the analytical methods used.

The third chapter includes the first part of results for the oxidation of cyanuric acid in aqueous solution by catalytic ozonation. The objective of this study is to examine the impact of the presence of catalyst on the elimination of cyanuric acid and to better understand the mechanisms involved in the process of catalytic ozonation of this molecule refractory to ozone. The kinetic parameters of oxidation reactions by catalytic ozonation were determined and the influence of several physico-chemical factors on the degradation was studied. Some of these products are identified.

The fourth chapter deals with the oxidation of melamine in aqueous solution by ozonation in the presence and absence of catalyst. The kinetics of catalytic ozonation of melamine is discussed and kinetic parameters were determined. In this section some byproducts catalytic ozonation were identified.

The degradation study of methylamine and dimethylamine by catalytic ozonation is exposed in the fifth chapter with a particular emphasis on the formation of N-nitrosodimethylamine. The objective of this work is to describe the behavior of these two simple amines toward catalytic ozonation compared with single ozonation. The effect of the pH and the initial concentration of dimethylamine were studied. Organic and inorganic by-products of the méthylamine and the diméthylamine formed during treatment were identified.

The results of all the work will be discussed and perspectives will be proposed.

CHAPITRE I :
SYNTHESE BIBLIOGRAPHIQUE

CHAPITRE I :
SYNTHESE BIBLIOGRAPHIQUE

Introduction

En réponse à la dégradation des milieux naturels, au regard de la demande sociétale et de l'évolution des technologies de dépollution, depuis le début du XXe siècle des normes ont été dictées par les organismes gouvernementaux, pour la purification des eaux, des sols et de l'air pollué. La conscience de l'effet des polluants sur la santé et de leurs risques écologiques ont permis dans la dernière décennie le développement de nouvelles technologies de traitement afin de permettre le respect de ces normes de plus en plus exigeantes.

Les principales techniques de traitement de polluants appliquées jusqu'à présent sont : des traitements biologiques, des procédés physiques, l'adsorption sur charbon actif (ou autres adsorbants), les technologies membranaires, les procédés physico-chimiques et les traitements chimiques conventionnels (l'oxydation thermique, la chloration, l'ozonation).

L'ozone est un oxydant utilisé en traitement des eaux depuis le début du siècle dernier. La première installation date de 1906 pour la désinfection de l'eau potable de la ville de Nice. Les applications de l'ozone sont variées. Pour la production de l'eau potable, ce réactif est utilisé en différents points de la filière de traitement avec des objectifs différents : l'élimination des algues, des couleurs, des goûts et des odeurs, la déferrisation et la démanganisation, l'amélioration de la coagulation floculation, l'augmentation de la biodégradabilité des matières organiques en vue d'une élimination sur charbon actif ou par traitement biologique, et enfin, la désinfection (Glaze, 1987).

L'ozone présente l'avantage de permettre des actions complémentaires dans la destruction d'un grand nombre de micropolluants et dans l'amélioration des goûts, des odeurs et dans l'élimination des couleurs.

Les procédés d'oxydation avancés (POA) reposent sur la formation *in situ* des radicaux hydroxyle OH$^\circ$ qui possèdent un pouvoir oxydant supérieur à celui des oxydants traditionnels, tels que Cl_2, ClO_2 ou O_3.
Les POA ont été très largement étudiés ces trente dernières années, et pour certains, utilisés industriellement, notamment par l'étude de couplages d'oxydant chimique et/ou de procédés conduisant à la production importante de radicaux hydroxyle. Les vitesses de réactions entre les radicaux OH$^\circ$ et les constituants de l'eau sont presque contrôlées par la diffusion (Von Gunten, 2003).

Ces procédés sont employés pour le traitement de concentrations élevées ou faibles de polluants dans les eaux. Ils ont trouvé des applications pour les différents domaines de traitement de l'eau, par exemple le traitement des eaux souterraines et des boues d'eaux usées municipales (Parsons, 2004). En raison de leurs coûts d'exploitation élevés, les procédés d'oxydation avancés sont plus largement utilisés pour le traitement des effluents industriels que pour la production d'eau potable. Toutefois, ces techniques trouvent également des applications en tant qu'étape de prétraitement des eaux souterraines ou de surface pour l'élimination de DBP (disinfection by-products), de micropolluants et de micro-organismes pathogènes résistants à la désinfection comme le cryptosporidium (Parsons, 2004).

Suty *et al.* (2003) ont répertorié les avantages et les inconvénients des POA selon les différentes applications en traitement de l'eau.

Les avantages des POA : source importante et directe des radicaux hydroxyle, décoloration rapide de la solution et minéralisation rapide des colorants organiques, dégradation efficace des composés organiques et installation simple.

Les inconvénients : on peut noter la réactivité non spécifique des radicaux hydroxyle. On retrouve davantage de sous-produits hydrophiles que la molécule initiale, qui sont par conséquent plus difficiles à traiter. Les connaissances sur la toxicité des sous-produits sont limitées et la minéralisation est souvent incomplète.

Parmi ces techniques, l'ozonation catalytique (O_3/catalyseur) s'est révélée comme un moyen potentiel pour l'élimination des micropolluants présents dans l'eau. Ce procédé est efficace pour éliminer certains polluants récalcitrants aux méthodes conventionnelles et simple à mettre en œuvre par rapport aux autres POA (Kim *et al.*,2002).

I.1. Réactivité et mécanismes d'action de l'ozone

I.1.1. Oxydation par l'ozone

L'ozone a été découvert en 1840 par l'allemand C.F. Schobein qui a trouvé que l'odeur produite par une étincelle était due à la présence d'un composé inconnu qu'il a appelé ozone (du grec —ozeinl (odeur)). Mais ce n'est que 20 ans plus tard que cette substance a été présentée comme un allotrope triatomique de l'oxygène. En effet, Thomas Andrews a montré en 1856 que l'ozone n'était formé que par de l'oxygène et en 1863 il a proposé un équilibre entre le dioxygène et l'ozone (équation I.1).

L'ozone est un gaz obtenu par décharge électrique, dans un mélange gazeux contenant de l'oxygène, de l'air ou de l'oxygène pur (Doré, 1989). A température ambiante l'ozone est un gaz incolore, avec une odeur caractéristique, de masse molaire 48 g/mol et de masse volumique 2,144 g.L^{-1} (0 °C, 760 mm Hg). Il est instable et se décompose en oxygène dans la phase gazeuse. Cette décomposition est « lente » à température ambiante (Peleg *et al.*, 1976).

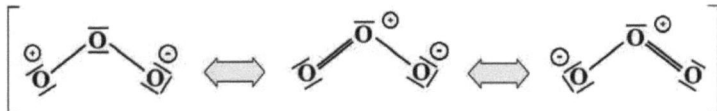

Figure I.1. Structure de résonance de la molécule d'ozone (Peleg, 1976).

En raison des caractéristiques de sa structure, l'ozone peut réagir comme un dipôle, un électrophile ou un nucléophile, ce qui en fait une molécule très instable dans l'eau. La durée de vie de l'ozone peut varier de quelques secondes à quelques minutes, suivant le pH, la température et la concentration des composés organiques et inorganiques de l'eau (Kasprzyk-Hordern *et al.*, 2003). L'ozone réagit avec les métaux alcalins et les métaux alcalino-terreux pour former des ozonides (M+O$_3$→ MO$_3$) instables et réagissant avec l'eau pour former du dioxygène (Von Gunten, 2003).

Les caractéristiques de l'ozone sont résumées dans le tableau I.1.

Tableau I.1. Caractéristiques de l'ozone.

Masse moléculaire	47,998 g.mol^{-1}
Apparence	Gaz bleu pâle
Densité à 0°C et 1013 mbar	2,14 kg O$_3$.m^{-3}
Densité relative (air)	1,7 kg.m^{-3}
Solubilité dans l'eau à 20°C	570 mg.L^{-1}
Température critique	-12,1 °C
Pression critique	5460 kPa
Point de fusion	-197,2 °C
Point d'ébullition	-119,5 °C
Enthalpie standard de formation ($\Delta_f H^0_{gaz}$)	142,3 kJ.mol^{-1} (34,15 kcal.mol^{-1})

L'équation globale de sa formation s'écrit (Doré, 1989):

$$3 O_2 \rightleftharpoons 2 O_3 \qquad \text{avec} \quad \Delta H = 284,24 \text{ KJ} \qquad (I.1)$$

La solubilité de l'ozone dans l'eau dépend de la température et de la pression partielle en ozone ; elle est d'autant plus importante que la température est basse et que le pourcentage massique en ozone dans le gaz est élevé.

L'ozone est un excellent désinfectant (même vis-à-vis des micro-organismes les plus résistants). Il constitue également un oxydant pour de nombreux composés minéraux (Fe^{2+}, Mn^{2+}, NO$_2^-$, ClO$^-$, ClO$_2^-$, etc) et organiques (matières organiques naturelles et micropolluants organiques) avec des constantes de vitesse parfois très élevées, surtout en milieu neutre et basique (Hoigné et Bader, 1983a ; Hoigné *et al.*, 1985).

De part son fort potentiel standard d'oxydo-réduction (Weast, 1980), l'ozone est un oxydant puissant.

En eau pure, l'ozone est instable. Sa décomposition résulte d'une réaction en chaîne initiée par les ions hydroxyde qui conduit à la formation des radicaux hydroxyle (OH°) (Figure I.2). Ces radicaux sont beaucoup plus oxydants (E° = 2,74 V ; Klaning *et al.*, 1985) et moins sélectifs que la molécule d'ozone.

La décomposition de l'ozone est une réaction en chaine composée de trois étapes :
- Initiation
- Propagation (Formation des radicaux)
- Terminaison

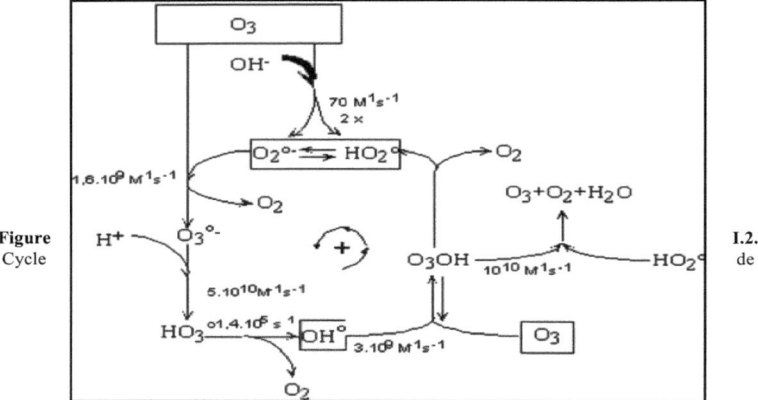

Figure I.2. Cycle de décomposition de l'ozone dans l'eau pure (Staehelin et Hoigné, 1985 ; Staehelin *et al.*, 1984).

L'action des ions hydroxyde (OH^-) sur l'ozone conduit à la formation du radical superoxyde ($O_2^{\circ-}$) et de son acide conjugué, le radical hydroperoxyde (HO_2°). Par réaction avec une nouvelle molécule d'ozone, ces radicaux vont donner lieu à la formation des radicaux $HO_3^{\circ}/O_3^{\circ-}$ qui se décomposent en libérant des radicaux OH° et de l'oxygène. Les radicaux hydroxyle ainsi générés par décomposition de l'ozone dans l'eau peuvent réagir avec l'ozone pour former à nouveau des radicaux $HO_2^{\circ}/O_2^{\circ-}$ via les radicaux HO_4°. Les constantes cinétiques de ces réactions sont rassemblées dans le tableau I.2.

La décomposition de l'ozone suit une cinétique de pseudo premier ordre (Langlais *et al.*, 1991) :

$$-\left[\frac{d[O_3]}{dt}\right] = k'[O_3]$$

(I.2)

Où k' est la constante de pseudo premier ordre pour une valeur de pH donnée.
La réaction de décomposition de l'ozone peut ainsi être décrite par la suite des réactions suivantes (Tableau I.2).

Tableau I.2. Constantes cinétiques des réactions intervenant dans le cycle de décomposition de l'ozone dans l'eau pure.

Réactions	Constantes cinétiques	Références
Initiation		
$O_3 + OH^- \longrightarrow HO_2^\circ + O_2^{\circ -}$	$k = 70$ L.mol^{-1}.s^{-1}	(Staenhelin et Hoigné, 1982)
$HO_2^\circ \rightleftharpoons O_2^{\circ -} + H^+$ pKa = 4.8		
Propagation		
$O_2^{\circ -} + O_3 \longrightarrow O_3^{\circ -} + O_2$	$k = 1,6.10^9$ L.mol^{-1}.s^{-1}	(Bühler $et\ al.$, 1984)
$O_3^{\circ -} + H^+ \rightleftharpoons HO_3^\circ$ pKa = 6,15	$k_1 = 5,2.10^{10}$ L.mol^{-1}.s^{-1}	(Bühler $et\ al.$, 1984)
	$k_2 = 3,3.10^2$ s^{-1}	
$HO_3^\circ \longrightarrow OH^\circ + O_2$	$k = 1,4.10^5$ s^{-1}	(Bühler $et\ al.$, 1984)
$OH^\circ + O_3 \longrightarrow HO_4^\circ$	$k = 2.10^9$ L.mol^{-1}.s^{-1}	(Staenhelin $et\ al.$, 1984)
$HO_4^\circ \longrightarrow HO_2^\circ + O_2$	$k = 2,8.10^4$ s^{-1}	(Staenhelin $et\ al.$, 1984)

L'ozone peut ainsi réagir de deux façons sur un composé M :

- Soit par voie directe de l'ozone moléculaire
- Soit par voie indirecte

La voie indirecte est une réaction radicalaire, de dégradation des composés par les radicaux hydroxyle, HO°, fortement oxydants et issus de la décomposition de l'ozone dans l'eau.

Cette particularité de l'ozone, à se décomposer en radicaux hydroxyle lui permet d'être un oxydant fort dans l'eau.

Hoigné et Bader (1983b) ont proposé un mécanisme simplifié, en solution aqueuse, présenté dans le schéma suivant (Figure I.3).

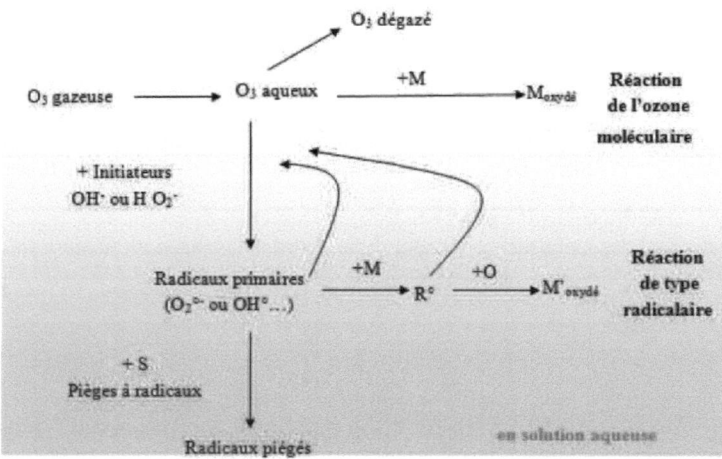

Figure I.3. Modes d'action de l'ozone en milieu aqueux (d'après Hoigné et Bader, 1983b).

En solution aqueuse, certains composés organiques, tels que les hydrates de carbone, peuvent réagir avec OH° pour produire $O_2°^-$. Ce sont des composés « propagateurs » de la chaîne radicalaire. D'autres composés organiques piègent les radicaux hydroxyle pour ralentir la chaîne radicalaire de la décomposition de l'ozone. Ces composés sont dits « inhibiteurs » ou « pièges à radicaux ». On retrouve parmi eux les alcools tertiaires dont le tert-butanol et les ions carbonate et hydrogénocarbonate (Tableau I.3).

Tableau I.3. Constantes cinétiques de réaction de l'ozone et des radicaux OH° sur le tert-butanol et les ions carbonate.

	k_{O3} (M^{-1}) (Hoigné et Bader, 1983)	$k_{OH°}$ (M^{-1}) (Buxton *et al.*, 1988)
Terbutanol	≈ 0,003	$6,0.10^8$
HCO$_3^-$	<<0,01	$8,5.10^6$
CO$_3^{2-}$	<0,01	$3,9.10^8$

Il est à noter cependant, que pour les ions carbonate et hydrogénocarbonate, la réaction avec les radicaux hydroxyle conduit à la formation de radicaux carbonate eux-mêmes réactifs avec de nombreux composés organiques (Karpel Vel Leitner et Fu, 2005).

$$HCO_3^- + OH° \longrightarrow CO_3^{°-} + H_2O$$
$$CO_3^{2-} + OH° \longrightarrow CO_3^{°-} + OH^-$$

Pour des valeurs de pH inférieures à 3, la présence des radicaux OH° peut être négligée. L'action directe, sous forme moléculaire, est alors la voie majoritaire de réaction de l'ozone. Pour des valeurs de pH supérieures à 3, si l'on souhaite étudier spécifiquement l'action de l'ozone moléculaire sur les solutés, des pièges à radicaux hydroxyle doivent être ajoutés à la solution à ozoner.

I.2. Réactivité de l'ozone et des radicaux hydroxyle

Dans cette partie on présente les principales données qui concernent la réactivité de l'ozone et des radicaux hydroxyle sur quelques classes de molécules : les aromatiques, les composés aliphatiques, les amines et les triazines).

I.2.1. Réactivité des composés aromatiques

I.2.1.1. Réactivité vis-à-vis de l'ozone

Les réactions électrophiles se produisent sur les molécules ayant une forte densité électronique et en particulier sur les composés aromatiques. Les composés aromatiques qui sont substitués par des groupements donneurs (tels que OH et NH_2), présentent une forte densité électronique sur les atomes de carbone en position ortho et para. Par conséquent, sur ces positions, les composés aromatiques réagissent activement avec l'ozone. Ci-dessous, nous pouvons voir un exemple d'une réaction entre l'ozone et le phénol (Figure I.4). Les groupes phénol réagissent avec l'ozone relativement et rapidement.

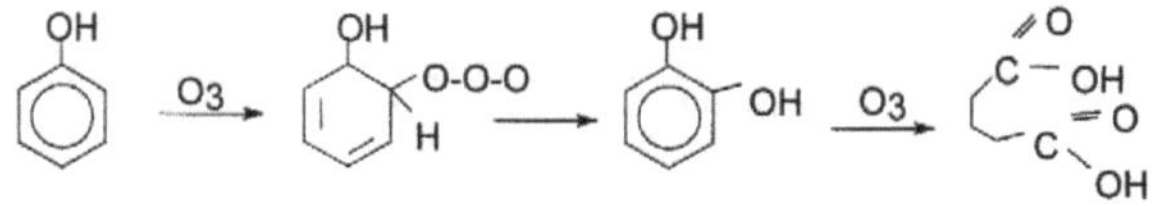

Figure I.4. Réaction entre le phénol et l'ozone.

L'étude de l'ozonation des composés aromatiques monocycliques et polaires en solution aqueuse montre que la vitesse de réaction est fonction de la nature des substituants du cycle aromatique. L'identification des intermédiaires et produits de réaction met en évidence que la réaction évolue vers la formation de composés à courte chaine du type aldéhyde, acide et diacide, avec une perte limitée d'acide carbonique (Doré et Legube, 1983).

Kuo et Huang (1995) montrent que pour l'ozonation du chloro-4 phénol, la molécule d'ozone réagit par attaque électrophile selon trois voies (Figure I.5). L'ozone attaque en position ortho ou méta pour former le catéchol, ou peut couper la liaison C-Cl avant l'ouverture du cycle aromatique pour former des acides aliphatiques, comme l'acide oxalique.

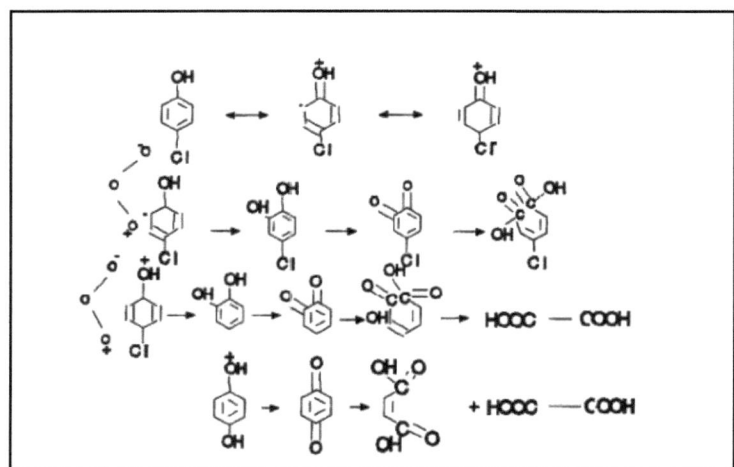

Figure I.5. Mécanisme de l'ozonation du chloro-4 phénol (Kuo et Huang, 1995).

Le tableau I.4 regroupe quelques composés aromatiques oxydables par l'ozone et les sous-produits formés.

Tableau I.4. Composés aromatiques oxydables par l'ozone et les constantes cinétiques de réaction (Bigda, 1995).

Composé aromatique	k_{O3} (10^{-17} cm^3 molécule^{-1} s^{-1})	Référence	Produits formés	Référence
Styrène	3,0	Bufalini et Altshuller,1965	HCHO,	Tuazon *et al.*,1993
	2,16 ± 0,46	Atkinson *et al.*, 1982	C$_6$H$_5$CHO	Zhang *et al.*,1994
	1,69 ± 0,18	Tuazon *et al.*, 1993		
	7,9	Zhang *et al.*, 1994		
Indène	16,6 ± 0,5	Kwok *et al.*, 1997		

Le tableau suivant (Tableau I.5) présente les constantes de vitesse d'oxydation par ozone de quelques composés aromatiques, extraites de la littérature (Hoigne et Bader, 1983a et b ; Stafford *et al.*, 1994).

Tableau I.5. Constantes de vitesse du second ordre de réaction de l'ozone moléculaire avec quelques composés aromatiques monosubstitués (Hoigne et Bader, 1983a et b ; Stafford *et al.*, 1994).

Composés aromatiques monosubstitués	Substituants	k_{O3} $(mol.L^{-1}.s^{-1})$
Benzène	-H	2
Phénol	-OH	1300
Aniline	$-NH_2$	9.10^7
Anisole	$-OCH_3$	290
Toluène	$-CH_3$	14
Ethylbenzène	$-CH_2CH_3$	14
Ion benzoate	-COO	1,2
Benzaldéhyde	-CHO	2,5
Nitrobenzène	$-NO_2$	0,09
Ion benzènesulfonate	$-SO_3^{--}$	0,23
Chlorobenzène	-Cl	0,75

I.2.1.2.Réactivité vis-à-vis des radicaux hydroxyle

Le radical $OH°$ ayant une réactivité différente comparable à celle de l'ozone, plusieurs auteurs ont étudié cette réactivité.

D'après la Figure I.6, on observe la formation de pyrocathécol ou d'hydroquinone. Ces produits di-hydroxylés sont à leur tour attaqués par les radicaux libres pour former des composés plus hydroxylés. La réaction subséquente conduit à l'ouverture du cycle aromatique. L'ouverture du cycle aromatique conduit à la formation des principaux produits tels que : l'aldéhyde formique, l'acide maléique, l'acide cétomalonique, l'acide oxalique et l'acide formique (Doré, 1989 ; Karpel Vel Leitner et Doré, 1997).

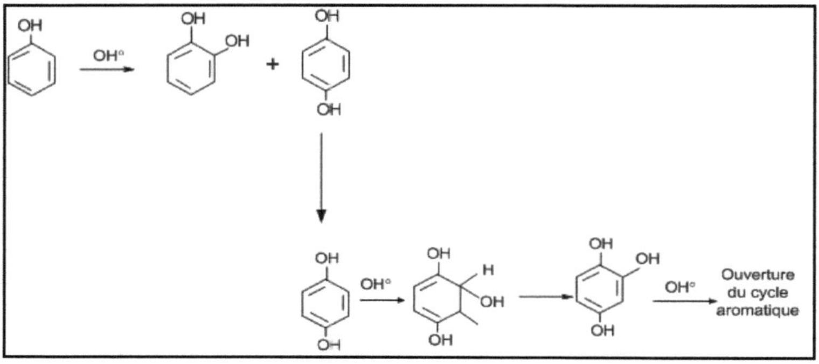

Figure I.6. Oxydation du phénol par les radicaux hydroxyle.

Les composés aromatiques oxydables par les radicaux hydroxyles sont : benzène, chlorobenzène, phénol, chlorophénol, créosote, dichlorophénol, hydroquinone, p-nitrophénol, toluène, trichlorophénol, xylène, trinitrotoluène. Leurs constantes cinétiques de réactions sont de l'ordre de 10^8 à 10^{10} L.mol^{-1}.s^{-1} (Bigda, 1995).

Le tableau I.6 regroupe les constantes cinétiques des composés aromatiques monosubstitués selon Buxton *et al.* (1988) et le tableau I.7 regroupe les composés aromatiques polysubstitués selon Yao et Haag. (1992).

Tableau I.6. Constantes cinétiques des composés aromatiques monosubstitués (Buxton *et al.*, 1988).

Composés aromatiques monosubstitués	Substituants	k_{OH} (10^{-9} mol.L^{-1}.s^{-1})
Benzène	-H	7,8
Phénol	-OH	14
Aniline	-NH$_2$	15
Anisole	-OCH$_3$	5,4
Toluène	-CH$_3$	3,0
Ethylbenzène	-C H$_2$CH$_3$	7,5
Acide benzoïque	-COOH	4,3
Ion benzoate	-COO	5,9
Benzaldéhyde	-CHO	4,4
Acétophénone	-C(O)CH$_3$	5,9
Nitrobenzène	-NO$_2$	3,9
Benzamide	-CONO$_2$	5,4
Chlorobenzène	-Cl	5,5
Fluorobenzène	-F	10

Tableau I.7. Constantes cinétiques des composés aromatiques polysubstitués (Yao et Haag, 1992).

Composés aromatiques polysubstitués	k_{OH} (10^{-9} mol.L^{-1}.s^{-1})
Phtalates	4,0
Trichlorobenzène	4,0
Dichlorobenzène	5,0
BPCs	6,0
HAPs	1,0
Lindane	5,2
Atrazine	2,6
Simazine	2,8
Alschlor	4,0
Carbofurane	7,0
Pentachlorophénol	4,0
Dinoseb	4,0

En effet, le radical OH° ayant un caractère électrophile marqué, les composés substitués par des groupements donneurs d'électrons réagissent plus rapidement et conduisent principalement à la formation de composés ortho ou para hydroxylés. Doré (1989) a montré clairement cette différence de réactivité des noyaux aromatiques porteurs d'un groupement donneurs d'électrons (ex. OH, NH_2, etc.) comme le phénol et l'aniline par rapport aux cycles porteurs d'un groupement attracteurs d'électrons (-NO_2, -COOH, etc) comme le nitrobenzène ou l'acide benzoïque.

I.2.2. Réactivité des composés aliphatiques

I.2.2.1. Réactivité vis-à-vis de l'ozone

Les paramètres cinétiques de la réaction de l'ozone avec des alcools aliphatiques de structures différentes sont obtenus dans l'étude de Rakovski et Cherneva (1990). L'étape de contrôle de la vitesse de réaction de l'ozone avec des alcools est l'abstraction d'un atome d'hydrogène en α-position par rapport au groupe -OH. Les résultats sont la preuve que le mécanisme de l'étape de contrôle de la vitesse de la réaction est associé à la formation d'un complexe activé qui a une forme linéaire assurant la libre rotation de ses fragments (Rakovski et Cherneva, 1990).

Yao et Haag (1991) ont rassemblé de nombreuses constantes cinétiques de réaction de l'ozone sur plusieurs polluants dans l'eau potable.

I.2.2.2. Réactivité vis-à-vis des radicaux hydroxyle

D'après Zaviska *et al.* (2009), Merz et Waters ont établi une liste des principaux composés aliphatiques, capables ou non d'initier des réactions en chaîne, et définissent un autre groupe de composés réfractaires à l'oxydation par les radicaux $OH°$ à température ambiante (Tableau I.8).

Tableau I.8. Oxydabilité des composés organiques par les radicaux hydroxyle (Merz et Waters, 1949).

Composés oxydables par un mécanisme en chaîne	
Alcools primaires et secondaires :	dérivés méthyl, éthyl, n-propyl, isopropyl
Hydroxy-acides :	acides glycollique, lactique, hydroxybutyrique, thioglycolique
Éthers :	diéthyl éther, dioxane, tétrahydrofuranne, tétrahydropyranne
Aldéhydes :	formol, acétaldéhydes
Acides aminés :	glycine, alanine
Composés oxydables par un mécanisme sans chaîne	
Alcools tertiaires :	butanol, alcoolamylique, pinacol, phényldiméthylcarbinol
Esters :	acétate de méthyl, acétate d'éthyle, acétate d'isopropyle
Acides carboxyliques :	acide propionique, butyrique, valérique, succinique, adipique
Amines :	diéthylamines, triéthylamines, pyridine
Glycols :	éthylènes, butylène
Composés faiblement oxydables par les radicaux $OH°$	
Acides carboxyliques :	acide acétique, malonique, maléique, fumarique
Cétones :	acétone, méthyl-éthylène-cétone
Amides :	urée, acétamides

Buxton *et al.* (1988) ont rassemblé de nombreuses constantes cinétiques de réaction d'$OH°$ sur les composés organiques aliphatiques (Tableau I.9).

Tableau I.9. Constantes cinétiques de réaction des radicaux hyrdroxyle en milieu aqueux sur les composés aliphatiques (Extrait de Zavisqua *et al.*, 2009).

Composés aliphatiques	Substituants	k_{OH} $(10^{-7} M^{-1}.s^{-1})$	Références
Méthane	-H	11	
Méthanol	-OH	97	
Méthylamine	-NH$_2$	420	
Ion méthyl ammonium	-NH$_3^+$	3,5	
Diméthyl éther	-OCH$_3$	100	Buxton *et al.* (1988)
Acétone	-COCH$_3$	11	
Acétonitrile	-CN	2,2	
Acétamide	-CONH$_2$	19	
Acide acétique	-COOH	1,6	
Acétaldéhyde	-COH	73	
Dibromométhane	-Br$_2$	9,0	Yao et Haag, (1992)
Trichlorométhane	-Cl$_3$	5,4	

I.2.3. Réactivité des amines

Plusieurs études ont eu pour objectif d'apporter une contribution à la connaissance de la réactivité des amines vis-à-vis des deux oxydants, l'ozone et les radicaux hydroxyle.

I.2.3.1. Réactivité vis-à-vis de l'ozone

Les constantes cinétiques de la réaction de l'ozone sur certain nombre d'amines ont été déterminées par Muñoz et Von Sonntag (2000). Tandis que les amines ne réagissent pas avec l'ozone, les amines libres réagissent avec des constantes cinétiques de l'ordre de 10^6 L.mol^{-1}.s^{-1}. Dans le cas des amines tertiaires et secondaires, tandis que les amines primaires réagissent plus lentement.

En solution aqueuse, les amines tertiaires réagissent avec l'ozone principalement par la formation de l'amine-oxyde et de dioxygène singulet [O$_2$ ($^1\Delta_g$)]. L'EDTA (acide éthylène diamine tétraacétique) ne réagit que très lentement avec de l'ozone (k = 330 L.mol^{-1}.s^{-1}). Cela explique pourquoi l'EDTA n'est pas facilement éliminé par ozonation dans l'eau potable (Muñoz et Von Sonntag, 2000).

D'après l'étude de Mudd *et al.* (1969) l'ordre suivant de réactivité d'acides aminés dans des solutions aqueuses lors de l'oxydation par l'ozone a été trouvé: la cystéine, la méthionine, le tryptophane, la tyrosine, l'histidine, la cystine et la phénylalanine. Les autres acides aminés présents dans les protéines ne sont pas affectés par l'ozone. L'oxydation de la tyrosine et de l'histidine est dépendante du pH, et supérieure dans des conditions alcalines. Les résidus d'acides aminés les plus affectés par le traitement à l'ozone sont la tyrosine et l'histidine.

27

L'étude de Hureiki *et al.* (1998) est relative aux acides aminés, libres ou combinés, ayant une forte réactivité avec l'ozone. La réactivité de ces acides aminés, étudiée en présence ou en absence de pièges à radicaux, est reliée à leur structure. La liaison peptidique ne semble pas être directement attaquée par l'ozone. L'ozonation des acides aminés a conduit à la formation d'aldéhydes tels que le formaldéhyde, l'acétaldéhyde, le glyoxal et ses dérivés. La formation de ces aldéhydes augmente généralement avec le taux d'ozone appliqué, et est accrue pour des conditions opératoires favorisant l'attaque moléculaire de l'ozone. La réaction directe de l'ozone favorise la production d'aldéhydes.

L'abstraction d'atomes est démontrée comme étant la réaction principale de l'ozone avec des phénols, des amines aromatiques et des hydroxylamines dans des solvants non polaires. Les énergies d'activation et les constantes cinétiques de l'ozone avec 144 phénols, phénols stériquement encombrés, les amines aromatiques et les hydroxylamines ont été calculées et les résultats sont en accord avec les mesures expérimentales (Denisova *et al.*, 1998).

I.2.3.2. Réactivité vis-à-vis des radicaux hydroxyle

Dans l'étude de Lee *et al.* (2010) la capacité de divers oxydants à dégrader des micropolluants a été évaluée et comparée au cours du traitement d'eaux usées. Les oxydants comprennent l'ozone comme oxydant sélectif et les radicaux hydroxyle en tant qu'oxydant non sélectif.

L'ozone réagit avec seulement quelques fonctions organiques riches en électrons, telles que les phénols, les anilines, les oléfines, et les amines, en revanche, les radicaux hydroxyle montrent une réactivité très élevée ($k \geq 10^8$ $M^{-1}.s^{-1}$) avec la quasi-totalité des groupements organiques, incluant même des liaisons CH.

Chen*et al.* (2008) ont déterminé les constantes cinétiques de second ordre des réactions directes de l'ozone ($k_{O3,M}$) et des réactions indirectes du radical hydroxyle OH ($k_{OH,M}$) pour neuf produits chimiques figurant sur la liste de l'USEPA (United States Environmental Protection Agency) au cours de l'ozonation et de l'ozone combiné au peroxyde hydrogène (O_3/H_2O_2) en utilisant des réacteurs semi-continus. Sauf pour les herbicides, tous les autres produits chimiques montrent une faible réactivité vis-à-vis l'ozone. Ces produits sont très réactifs aux radicaux OH° comme en témoignent de valeurs élevées de $k_{OH,M}$. L'ozonation à pH faible, qui implique principalement la réaction directe de l'ozone, n'est efficace que pour l'élimination des thiocarbamates. L'ozonation à pH élevé par O_3/H_2O_2 est très efficace pour le traitement de tous les produits chimiques dans cette étude (Chen *et al.*, 2008).

Parmi les amines oxydables par les radicaux hydroxyle se trouvent : l'aniline, les amines cycliques, le diéthylamine, le diméthylformamide, l'EDTA, propanediamine, la n-propylamine (Bigda, 1995).

28

I.2.4. Réactivité des triazines vis-à-vis de l'ozone et des radicaux hydroxyle

L'étude bibliographique montre que l'oxydation de l'atrazine en milieu aqueux par O_3, O_3/H_2O_2, O_3/UV, ne permet qu'une dégradation limitée du pesticide (pas d'ouverture de l'hétérocycle azoté). Les sous-produits identifiés indiquent que les réactions portent essentiellement sur les substituants du noyau s-triazine avec formation de composésdéalkylés, hydroxylés et un amide. La déséthylatrazine est le principal produit primaire de dégradation de l'atrazine (0,5 mole/mole d'atrazine éliminée) (Thèse de Nathalie Chramosta, 1993).

Ces procédés d'oxydation conduisent aux mêmes sous-produits d'oxydation. Les composés N-déalkylés, les acétamido-s-triazines et l'hydroxyatrazine constituent les premiers sous-produits de dégradation de l'atrazine. Une oxydation plus poussée par des réactions de N-déalkylation, d'hydroxylation et de déamination conduit à la formation de produits finaux relativement stables comme la déséthyldésisopropylatrazine, l'amméline, l'ammélide et l'acide cyanurique (De Laat et al., 1995).

Les études cinétiques indiquent que l'atrazine est relativement réfractaire à une oxydation par l'ozone moléculaire (constante cinétique de l'ordre de 6 $L.mol^{-1}.s^{-1}$ à 20 °C) et est assez réactive vis-à-vis des radicaux hydroxyle (constante cinétique de l'ordre de 2,5.$10^9 L.mol^{-1}.s^{-1}$ à 20 °C).Les constantes cinétiques de la réaction des radicaux hydroxyle avec l'atrazine (k_A), la simazine (k_g) et la propazine (k_p) ont été mesurées dans l'eau, en utilisant des méthodes de cinétiques compétitives. Les radicaux hydroxyle sont générés à partir de la décomposition de l'ozone par des ions hydroxyde ou du peroxyde d'hydrogène (O_3/H_2O_2). Les expériences ont été réalisées dans un réacteur semi batch dans un tampon phosphate à pH = 7,5 ([HCO_3^-] = 0 à 20 $mmol.L^{-1}$) ou dans l'eau potable. Les constantes de vitesse de la réaction des radicaux hydroxyle avec les s-triazines obtenues à partir de O_3 et de O_3/H_2O_2 sont k_S/k_A = 1,28 et k_p/k_A = 0,75 (20 ± 2 °C).Par mélange d'un substrat de référence (chlorobenzène K_{CB} = 4,3 10^9 $L.mol^{-1}.s^{-1}$) à la solution de s-triazines, les valeurs des constantes cinétiques des radicaux hydroxyle avec l'atrazine, la simazine et la propazine sont : k_A = 1,7.10^9 ; k_g = 2,1.10^9 et k_p = 1,2.$10^9 L.mol^{-1}.s^{-1}$ (Chramosta et al., 1993).

En ce qui concerne les constantes cinétiques de réaction des radicaux hydroxyle sur les autres s-triazines, les résultats montrent que les méthylthio s-triazines sont beaucoup plus réactives que les méthoxy s-triazines qui sont-elles mêmes légèrement plus réactives que les chloro et hydroxy s-triazines. Parmi les sous-produits d'oxydation de l'atrazine, la déséthyldésisopropylatrazine et l'acide cyanurique sont très réfractaires à une oxydation par les radicaux hydroxyle et par l'ozone moléculaire (De Laat et al, 1995).

L'étude de Chramosta (1993) a eu pour but de comparer la réactivité de plusieurs s-triazines (sous-produits d'oxydation de l'atrazine, chloro-, méthylthio-, méthoxy-s-triazines) vis-à-vis des radicaux hydroxyle. L'efficacité de l'oxydation par l'ozone et par le système ozone-peroxyde d'hydrogène vis-à-vis de la dégradation de l'atrazine dépend du pH, du rapport H_2O_2/O_3 (optimum vers 0,5 mol/mol), et diminue en présence de pièges à radicaux hydroxyle comme les ions bicarbonate et la matière organique. Les expériences de cinétique compétitive ont permis d'établir une échelle de réactivité des différentes s-triazines vis-à-vis des radicaux hydroxyle (Simétryne > Amétryne >> Siméton>Atraton, Simazine > Atrazine > Désisopropylatrazine > Déséthylatrazine >> Déséthyldésisopropylatrazine). Les constantes cinétiques absolues de réaction des radicaux OH° sur les s-triazines ont été déterminées en prenant l'ion paranitrobenzoate comme composé de référence (Thèse de Nathalie Chramosta 1993).

I.3. L'ozonation catalytique
I.3.1. La catalyse
On peut distinguer deux types de catalyse : une qui a lieu à partir de l'activation de l'ozone pour les métaux mis en solution (catalyse homogène), et l'autre qui a lieu en présence d'oxydes métalliques ou métaux sur supports (catalyse hétérogène).C'est ce dernier catalyseur que nous allons développer car c'est celui que nous avons utilisé pour le traitement de l'eau.

La catalyse homogène

Dans ce type de catalyse, le catalyseur est un composé dissous dans la phase réactionnelle. Différents auteurs ont étudié la catalyse homogène. Abdo et al. (1988) ont montré que les sulfates de zinc, cuivre ou trioxyde de chrome amélioraient la décoloration de quelques effluents. Andreozzi et al. (1992) ont obtenu une accélération de l'oxydation de l'acide oxalique en conditions acides en présence d'ions Mn(II).
D'autres investigations ont montré que l'ozonation de substances humiques en présence de Mn^{2+} et Ag^+ dans l'eau permet une importante diminution de la DCO par rapport à l'ozonation seule (Gracia et al., 1996 et 1998).

La catalyse hétérogène

Dans ce cas, le catalyseur forme une phase distincte, généralement solide, et la réaction à lieu à la surface de contact. On peut distinguer cinq étapes :

- La diffusion des réactifs vers la surface du solide
- L'adsorption des réactifs sur le catalyseur
- L'interaction entre les réactifs adsorbés à la surface du solide
- La désorption des produits de réaction de la surface catalytique
- La diffusion des produits quittant le catalyseur

30

L'ozonation catalytique serait donc une suite de réactions élémentaires. À la fin de ces réactions les sites du catalyseur doivent être régénérer après désorption des produits.

Les principaux catalyseurs proposés pour l'ozonation catalytique sont les oxydes métalliques (MnO_2, TiO_2, Al_2O_3) et aussi les métaux ou les oxydes métalliques sur supports d'oxydes métalliques (par exemple $Cu-Al_2O_3$, $Cu-TiO_2$, $Ru-CeO_2$, $V-O/TiO_2$, $V-O/silica$ gel et TiO_2/Al_2O_3, Fe_2O_3/Al_2O_3). L'activité principale des catalyseurs serait basée sur la décomposition catalytique de l'ozone et l'augmentation des radicaux hydroxyle. En revanche, les résultats obtenus à partir des différentes études suggèrent parfois des mécanismes de réaction différents. L'efficacité du procédé d'ozonation catalytique dépend en grande partie des catalyseurs et de leurs propriétés de surface, ainsi que du pH de la solution qui influence les propriétés des sites actifs de surface et les réactions de décomposition en solution aqueuse.

I.3.2. Mécanismes d'action : Interaction O_3/Catalyseur

I.3.2.1. Mécanismes d'ozonation catalytique homogène

Le mécanisme d'ozonation catalytique avec des ions de métaux de transition comme catalyseurs est fondé sur une réaction de décomposition de l'ozone suivie par la génération des radicaux hydroxyle (Gracia et al., 1995).

Récemment, le mécanisme de Mn^{2+}/O_3, système qui est basé sur la génération des radicaux hydroxyle, a été proposé par Wu et al. (2008) et peut être exprimé avec les équations suivantes.

Le système Mn^{2+}/O_3 implique la réaction directe de Mn^{2+} avec l'ozone qui conduit à la production de $OH°$:

$$Mn^{2+} + O_3 + 2H^+ \rightarrow Mn^{4+} + O_2 + H_2O$$
$$Mn^{4+} + 1,5O_3 + 3H^+ \rightarrow Mn^{7+} + 1,5O_2 + 1,5H_2O$$
$$Colorant + Mn^{7+} + 1,5 H_2O \rightarrow Mn^{4+} + 3H^+ + produits$$
$$Mn^{2+} + Mn^{4+} \rightarrow 2 Mn^{3+}$$
$$Mn^{2+} + O_3 + H^+ \rightarrow Mn^{3+} + O_2 + OH°$$
$$Mn^{3+} + O_3 + (Colorant)^{2-} + H^+ \rightarrow Mn^{2+} + O_2 + OH° + produits$$
$$Colorant + OH° \rightarrow produits$$

Le catalyseur homogène peut également former des complexes avec des molécules organiques telles que les acides carboxyliques. Pines et Reckhow (2002) ont testé le cobalt (II) en tant que catalyseur du processus d'ozonation en solution tamponnée dans la gamme de pH de 5,3 à 6,7. La présence de cobalt (II) a augmenté le taux d'élimination du pCBA. Les auteurs en ont conclu que l'ozonation catalytique de l'oxalate par les ions cobalt(II) mettait en œuvre la génération de radicaux hydroxyle. Ils ont proposé que la première étape de la réaction catalytique d'ozonation soit la voie de formation d'un complexe cobalt (II)-oxalate qui est ensuite oxydé par l'ozone sous la forme de cobalt (III)-oxalate. Le cycle catalytique se termine par la décomposition de ce complexe en ion cobalt (II) et radical oxalate.

Le mécanisme de réaction proposé par la voie de formation du complexe colbalt(II) monooxalate est montré dans la Figure I.7.

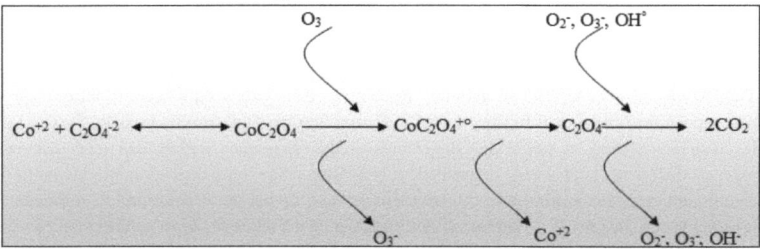

Figure I.7. Mécanisme de réaction proposé par la voie de formation du complexe colbalt(II) monooxalate (Pines et Reckhow, 2002).

Les ions Co^{2+}, Mn^{2+}, Ni^{2+}, Zn^{2+}, Cr^{3+}, Fe^{2+} sont testés par Abd El-Raady *et al.* (2005) dans le procédé d'ozonation pour la dégradation de l'acide maleique. L'élimination de ce dernier conduit à la formation de l'acide oxalique, glyoxylique, formique. Ils ont constaté que les ions Co^{2+} et Mn^{2+} sont les plus actifs pour la dégradation de l'acide oxalique.

I.3.2.2. Mécanismes d'ozonation catalytique hétérogène

L'ozonation catalytique hétérogène s'est avérée être un procédé prometteur d'oxydation avancée pour l'élimination des polluants organiques, y compris les agents antibactériens, dans l'eau et les eaux usées en raison de son efficacité potentiellement plus élevée dans la dégradation et la minéralisation des composés organiques (Kasprzyk-Hordern *et al.*, 2003 ; Nawrockia *et al.*, 2010 ; Yang *et al.*, 2010).

Les mécanismes catalytiques possibles proposés pour l'ozonation catalytique hétérogène incluant la génération de radical hydroxyle, l'ozone et les concentrations des composés organiques sur la surface du catalyseur (Kasprzyk-Hordern *et al.*, 2003 et Nawrockia *et al.*, 2010).

Selon Kasprzyk-Hordern *et al.* (2003), il y a généralement trois mécanismes possibles d'ozonation catalytique dans les systèmes hétérogènes :

- La chimisorption de l'ozone sur la surface du catalyseur entraîne la formation d'espèces actives qui réagissent avec les molécules organiques non-chimisorbées
- La chimisorption des molécules organiques (associatives ou dissociatives) sur la surface du catalyseur et sa réaction avec l'ozone gazeux ou aqueux
- La chimisorption de l'ozone et des molécules organiques et l'interaction entre les espèceschimisorbées.

Les travaux de Kasprzyk-Hordern (2003) indiquent clairement qu'un catalyseur n'est actif que dans certaines conditions et dans le cas de certains groupes de composés organiques. En outre, la généralisation concernant le mécanisme de l'activité catalytique d'ozonation est également difficile. Cependant, quelques idées peuvent être avancées. La réaction catalytique dépend fortement, entre autres facteurs, de la nature du catalyseur comme indiqué ci-après. Le mécanisme suivant a été proposé par Beltran *et al.* (2005) pour l'ozonation catalytique (Fe_2O_3/Al_2O_3) de l'acide oxalique.

Adsorption de l'acide oxalique à la surface catalytique
$$B+S \rightleftharpoons B-S$$
Réaction de l'acide oxalique adsorbée avec un centre de Fe sur la surface catalytique
$$B-S+Fe-S \rightleftharpoons B-Fe-S+S$$
Reaction de surface
$$O_3+B-Fe-S \rightleftharpoons P-S+Fe-S$$
Etape de desorption
$$P-S \rightleftharpoons CO_2+H_2O+O_2$$
Où B est l'acide oxalique et S est la surface du catalyseur.

- *L'oxyde métallique*

La première étape du procédé consiste à transférer l'ozone de la phase gazeuse à la phase liquide. Lors de la deuxième étape, l'ozone et les molécules organiques sont transportés à la surface du catalyseur. La plupart des mécanismes proposés supposent que l'adsorption de l'ozone et des molécules organiques s'effectue simultanément.
Différentes études ont été réalisées en phase gaz pour connaitre la décomposition de l'ozone. La spectroscopie infrarouge montre comme un minimum de quatre formes d'adsorption de l'ozone à la surface de l'oxyde métallique (Kasprzyk-Hordern *et al.*, 2003) :

- Adsorption physique
- Formation de ponts d'hydrogène avec les groupements OH
- Adsorption moléculaire à partir des sites de Lewis faibles
- Adsorption dissociative avec des acides de Lewis forts, qui va conduire à la formation d'atomes d'oxygène, qui seraient des intermédiaires des réactions catalytiques pour la décomposition de l'ozone

- *Métal sur le support*

Le rôle du métal sur la surface d'oxydes métalliques dans le processus d'ozonation catalytique hétérogène a été expliqué par Legube et Karpel Vel Leitner (1999). Les idées générales concernant le mécanisme sont les suivantes :

Sur la surface réduite du Me_{red} (catalyseur métallique), l'ozone oxyde le métal en produisant des radicaux $HO°$. Des molécules organiques (par exemple, les substances humiques ou l'acide salicylique) après adsorption sur la surface du catalyseur, sont oxydées par une réaction de transfert électronique pour donner à nouveau une réduction du catalyseur ($Me_{red}A°$). Les espèces organiques radicalaires $A°$ sont par la suite désorbées du catalyseur et oxydées par $HO°$ ou O_3 soit en solution, soit plus probablement dans une double couche électrique.

- ### *Charbon actif*

Le charbon actif réagit non seulement comme un adsorbant, mais aussi comme un catalyseur dans la promotion de l'oxydation d'ozone.
De nombreux résultats concernent l'ozonation en présence de charbon actif.
Beltrán *et al.* (2005) ont étudié l'ozonation en présence de charbon actif pour l'oxydation de l'acide pyruvique. Les résultats indiquent que 80% de l'acide est éliminé par O_3/charbon actif et 67% est minéralisé en CO_2 après 90 minutes pour une concentration initiale de l'acide de 5mM. La diminution de l'élimination de l'acide en présence de tert-butanol et des ions bicarbonate montre que les radicaux hydroxyle formés à partir du système O_3/charbon actif seraient les espèces oxydantes. Ce système obéit au mécanisme de Langmuir-Hinshelwood ou Eley-Rideal.

Le mécanisme de la décomposition catalytique de l'ozone proposé par Beltran *et al.* (2002) et indiqué dans le manuscrit de Kasprzyk-Hordern (2003), est comme suit :

1. *Décomposition homogène :*

$$O_3 + OH^- \rightarrow HO_2^- + O_2$$
$$O_3 + HO_2^- \rightarrow HO_2° + O_3°^-$$
$$O_3 + In \rightarrow O_3°^- + In^+$$
$$HO_2° \rightleftharpoons O_2°^- + H^+$$

Réaction de surface de décomposition hétérogène : pH 2–6 :

$$O_3 + S \rightleftharpoons O_3-S$$
$$O_3-S \rightleftharpoons O-S + O_2$$
$$O_3 + O-S \rightleftharpoons 2O_2 + S$$

pH > 6 :

$$OH^- + S \rightleftharpoons OH-S$$
$$O_3 + OH-S \rightleftharpoons °O_3-S + HO°$$
$$°O_3-S \rightleftharpoons °O-S + O_2$$
$$O_3 + °O-S \rightleftharpoons O_2°^- + S + O_2$$

2. *Propagation homogène et ses réactions*

$$O_3 + O{^\circ_2}{^-} \rightarrow O_3{^\circ}{^-} + O_2$$
$$O_3{^\circ}{^-} + H^+ \rightarrow HO_3{^\circ}$$
$$HO_3{^\circ} \rightarrow HO{^\circ} + O_2$$
$$HO_3{^\circ} + P \rightarrow \text{produits finaux}$$

Où S est la surface du catalyseur, In est l'initiateur de décomposition d'ozone.
D'après ce mécanisme on peut déduire que la décomposition catalytique de l'ozone repose sur trois facteurs : le milieu (homogène ou hétérogène), le pH et la surface du catalyseur.

I.4. Différentes molécules et effluents étudiés dans la littérature

De nombreuses études ont été consacrées à l'oxydation par l'ozone en présence de catalyseur solide d'effluents complexes, d'eaux naturelles ou de solutions aqueuses diluées de molécules modèles.

Différents auteurs ont étudié l'oxydation d'effluents résiduaires urbains ou industriels par l'ozone en présence de catalyseurs solides (Tableau I.10).

Tableau I.10. Quelques travaux sur l'oxydation d'effluents résiduaires urbains ou industriels par ozonation catalytique.

Référence	Effluent	Catalyseur	Conditions expérimentales
Hewes et Davison (1972)	Eaux usées urbaines	Oxyde de chrome Cr_2O_3 (100 mg.L^{-1})	COT =10 à 35 mg C.L^{-1} pH 7 et à 50°C
Chen (1972) cité par Gombert (1999)	Eaux usées urbaines	Nickel de Raney activé (143 à 2860 mg.L^{-1})	DCO ≈ 40 à 100 mgO_2.L^{-1}, COT ≈ 50 mg C.L^{-1}
Munter et al. (1985)	Teintureries chargées en aniline et en composés azotés	CuO, Co_2O_3, Cr_2O_3, NiO	DCO = 2275 mgO_2.L^{-1}
Hostachy et al. (1997)	Usine de pâte à papier	Support solide cristallin non métallique dopé par imprégnation ou non en ions métalliques	DCO = 660 mgO_2.L^{-1}
Steensen (1997)	Lixiviats de décharge	EPSC 1000 (catalyseur du procédé ECOCLEAR) en mode co-courant	DCO = 350 à 1200 mgO_2.L^{-1}

D'autres auteurs ont travaillé sur l'oxydation d'eaux naturelles ou de matières organiques naturelles par l'ozone en présence de catalyseurs solides (Tableau I.11).

Tableau I.11. Quelques travaux sur l'oxydation d'eaux naturelles ou de matières organiques naturelles par ozonation catalytique.

Référence	Solution	Catalyseur	Conditions expérimentales
Delouane (1994), Karpel Vel Leitner et al. (1999)	Substances humiques	Sous forme extrudée ou de sphères, préparées par imprégnation d'un métal non précisé (5 à 10 % massique d'oxyde métallique dans le catalyseur), sur alumine, anatase (TiO_2), ou attapulgite (calcination à 600 °C) (130 g.L^{-1}),	COT = 2,5 mg C.L^{-1}, réacteur fermé, 10 min de temps de contact, température ambiante pH =7,2 et à [HCO_3^-] = 200 à 230 $mgCaCO_3$.L^{-1}
Gracia et al. (1998)	Acides humiques	TiO_2	pH 7
Volk et al. (1997)	Acides fulviques (Cébron)	TiO_2	COT = 2,8 mg C.L^{-1}) en réacteur fermé pH 7,5 (eau de Volvic) tampon phosphate dose O_3 = 0 à 6,5 mg.L^{-1}

L'oxydation de molécules modèles par l'ozone en présence de catalyseurs solides a été également étudiée par plusieurs auteurs (Tableau I.12).

Tableau I.12. Quelques travaux sur l'oxydation de molécules modèles par ozonation catalytique.

Référence	Composé	Catalyseur	Conditions expérimentales
Barratt et Xiong(1995)	Glucose	Hétérogènes cristallin, non métalliques	
Thompson *et al.* (1996)	1,4-dioxane	Différents catalyseurs	Des temps de contact allant de 0 à 360 min
Ma et Graham (1997 et 1999)	Atrazine	MnO_2	pH 7 (20 à 24°C), dose d'ozone appliquée : 2,5 mg.L^{-1}
Delouane (1994), Karpel Vel Leitner *et al.* (1999)	Acide salicylique, peptides (Tyr-Gly-Gly)	Sous forme extrudée ou de sphères, préparé par imprégnation d'un métal non précisé (5 à 10 % massique d'oxyde métallique dans le catalyseur), sur alumine, anatase (TiO_2), ou attapulgite (calcination à 600°C)	Réacteur fermé avec un temps de contact de 10 min
Karpel Vel Leitner *et al.* (1998)	Acide succinique	3 catalyseurs différents	pH 3,4 avec un temps de contact de 0 à 100 min
Zhang *et al.* (2012)	Oxalate	(PdO/CeO_2)	
Qu *et al.* (2007)	Phénol	Charbon actif en fibre (CAF)	

D'après ces trois tableaux, on constate que l'oxydation par l'ozone en présence de catalyseur a été l'objet de recherche de nombreux auteurs. À chaque condition expérimentale, l'oxydation se comporte différemment.

I.5. Influence de différents paramètres sur l'ozonation catalytique

L'influence des conditions de l'ozonation catalytique à savoir, la température, la quantité de catalyseur et le traitement du catalyseur, a été étudiée pour la dégradation de plusieurs polluants en solution aqueuse par le processus d'ozonation catalytique.

I.5.1. Influence du traitement thermique du catalyseur

Le traitement thermique des catalyseurs joue un rôle très important dans l'amélioration de l'activité catalytique. Les principaux effets du traitement thermique portent sur les propriétés catalytiques, et concernent la taille des particules, la morphologie, la dispersion du métal sur le support, le degré d'alliage, la formation du site actif, l'activité catalytique et la stabilité catalytique.

37

Concernant les catalyseurs à base de Pt, Bezerra *et al.* (2007) ont confirmé que le traitement thermique peut induire une croissance de granulométrie, un meilleur degré d'alliage et des changements dans la morphologie de la surface du catalyseur amorphe. Toutefois, si la température du traitement thermique est trop élevée (> 1000 ° C), même si la stabilité des catalyseurs est améliorée, l'activité catalytique peut être dégradée.

Pour les catalyseurs métalliques, il semblerait que le traitement thermique peut ne pas être nécessaire pour l'activité catalytique et l'amélioration de la stabilité.

L'influence des conditions de traitement, l'atmosphère gazeuse (N_2 et H_2) et la température (450 °C et 950 °C), sur les propriétés de surface et la performance catalytique de nanotubes de carbone (CNT) ont été étudiées pour la dégradation de l'acide oxalique en solution aqueuse par ozonation catalytique. Les travaux de Liu *et al.* (2010) ont montré que le traitement thermique du CNT sous atmosphère d'H_2 est plus efficace pour l'élimination des groupes acides et l'augmentation des groupes alcalins que dans le cas de l'atmosphère de N_2 à la même température, ce qui entraîne une activité catalytique supérieure et des concentrations en carbone organique total (COT) inférieures.

I.5.2. Influence de la température

L'ozonation de l'acide oxalique en solution aqueuse a été effectuée en utilisant des nanotubes de carbone à parois multiples (MWCNT) comme catalyseur. Les effets des conditions opératoires sur les performances catalytiques des MWCNT pour éliminer l'acide oxalique ont été étudiés par Liu *et al.* (2011). Le dosage du catalyseur et la température de réaction montrent des effets positifs sur l'élimination de l'acide oxalique par ozonation catalytique MWCNT. L'efficacité maximale de la dégradation de l'acide oxalique est obtenue avec une concentration initiale de 1,0 mM. L'efficacité de la dégradation de l'acide oxalique a été reliée à l'augmentation de la dose de catalyseur MWCNT (50 - 200 mg.L^{-1}) et la température de réaction (283 à 313 K).

L'ozonation catalytique hétérogène de nitrobenzène en solution aqueuse a été effectuée à des températures de réaction différentes, dans un réacteur semi-continu, où la céramique nid d'abeille est utilisée en tant que catalyseur. Les résultats expérimentaux indiquent que la présence de catalyseur a amélioré significativement l'efficacité de la dégradation du nitrobenzène par rapport aux résultats de l'ozonation non-catalytique. L'adsorption du nitrobenzène sur la surface catalytique n'a pas d'effet significatif sur l'efficacité de la dégradation. Avec l'augmentation de la température de réaction de 278 à 328 K, l'efficacité de la dégradation du nitrobenzène, les constantes de vitesse de réaction, le rendement d'utilisation de l'ozone, la formation de radicaux hydroxyle et l'élimination du carbone organique total (COT) augmentent tous dans le procédé couplant ozone / céramique nid d'abeille (Zhao *et al.*, 2009).

I.5.3. Influence du pH

Karpel et Fu (2005) ont étudié et comparé l'influence du pH sur l'ozonation catalytique de petits acides carboxyliques (acide succinique (AS), chloroacétique (CAA) et pyruvique (AP)) à l'ozonation seule. Dans la gamme de pH acide (de 3,6 à 5,0) ils ont constaté que l'efficacité du système d'ozonation catalytique est réduite lorsque le pH augmente en raison du changement de charges sur la surface du catalyseur. Dans la gamme de pH basique (de 7,2 à 10), l'effet de l'ozonation seule devient important.

Liu *et al.* (2011) observent que l'efficacité de la dégradation de l'acide oxalique augmente dans la gamme de pH de 1,0 à 3,0, alors que la tendance inverse est observée lorsque les valeurs du pH sont entre 3,0 et 6,1. L'effet du pH initial indique que l'adsorption de l'acide oxalique sur la surface du catalyseur est essentielle pour son élimination effective par ozonation catalytique (MWCNT).

Les caractéristiques des différents types de MnO_2 (β-MnO_2, γ-MnO_2 et MnO_2) pour l'ozonation catalytique de l'acide sulfosalicylique (SSal) et de l'acide propionique (APP) ont été étudiées par Tong *et al.* (2003). Les résultats expérimentaux montrent que l'efficacité catalytique de MnO_2 est fortement tributaire du pH et indépendante de ses types pendant l'ozonation deSSal. Les trois types de MnO_2n'ont pas d'activité catalytique lors de l'ozonation de l'APP. Toute ozonation catalytique par MnO_2 de SSal à pH 1,0 à une plus grande efficacité sur l'élimination du carbone organique total que l'ozonation seule, cependant, à pH 6,8 et 8,5, l'efficacité catalytique n'est pas observée.

Dans leur étude, Zhang *et al.* (2012), ont constaté que l'ozonation catalytique était plus efficace dans une gamme de pH neutre (de 6,7 à 7,9) et devient inefficace lorsque la solution est acide ou alcaline. En outre, la présence d'ions bicarbonate, un piège à radicaux hydroxyle présent dans les eaux naturelles, a significativement amélioré la dégradation catalytique de l'oxalate. Les résultats font apparaître une nouvelle voie d'ozonation catalytique qui ne repose ni sur l'aide d'acide ni sur l'oxydation par les radicaux hydroxyle pour la dégradation efficace du composé réfractaire hydrophile, l'oxalate, dans l'eau. Selon cette nouvelle voie, CuO/CeO_2 a montré de propriétés particulières pour l'ozonation catalytique: (1) une grande efficacité à pH neutre, et (2) une efficacité encore plus élevée en présence de bicarbonate.

Dans la gamme de pH 5 à 9, la décoloration est efficace avec la diminution du pH lorsque des solutions tamponnées ont été utilisées lors de l'ozonation d'une solution de colorant (Soaresa Olívia Salomé *et al.*, 2006).

I.5.4. Influence de la dose d'ozone

L'effet de plusieurs paramètres (concentration en colorant, dose d'ozone appliquée) pour l'élimination de la couleur et du COT d'une solution de colorant acide a été étudié par Soaresa Olívia Salomé *et al.* (2006) dans le but d'optimiser les conditions de fonctionnement. L'ozonation a été efficace pour la décoloration d'un colorant acide, mais ne dispose que d'un léger effet sur l'élimination du COT. L'augmentation de la concentration de colorant en entrée mène à une diminution de l'efficacité de décoloration et une augmentation de la consommation d'ozone. La décoloration augmente avec l'augmentation de la dose d'ozone appliquée. L'efficacité de l'élimination de la couleur pour différentes doses d'ozone était comprise entre 76 % et 100 %. Plusieurs colorants de différentes classes ont également été étudiés, l'ozonation a été montrée assez efficace pour la décoloration mais beaucoup moins pour l'élimination du COT. Dans les conditions testées, seule la dispersion des colorants au soufre a présenté une suppression de couleur inférieure à 86 %.

Une étude sur la formation de bromates lors de l'ozonation catalytique dans le traitement des eaux potables a été réalisée par Han *et al.* (2008). Ils ont montré que la dose d'ozone joue un rôle très important dans la formation des ions BrO_3^-. L'addition du catalyseur réduit la teneur en ozone résiduel de 77,4 % à 60,0 %.

I.6. Les triazines

I.6.1. Chimie et utilisation des triazines

Les triazines ont été mises sur le marché il y a environ 50 ans et depuis, elles sont utilisées largement dans l'agriculture pour le contrôle pré et post-émergence des mauvaises herbes dans la culture de maïs, soja et autres cultures et elles font partie des herbicides les plus fréquemment retrouvés dans l'environnement. À cause de leur stabilité relative dans l'environnement, elles peuvent contaminer les cultures ainsi que les eaux de surface et souterraines (European Economic Community, EEC, 1980). Les triazines sont à l'état solide à température ambiante et elles ont une faible pression de vapeur. En outre, elles sont caractérisées par une large gamme de solubilité dans les milieux aqueux en fonction de leur structure, ce qui permet leur distribution facile dans les différents compartiments de l'environnement, les eaux de surface et souterraines (Jiménez-Soto *et al.*, 2012).

Différentes techniques chromatographiques comme la CLHP (Chromatographie en phase liquide à haute performance), la CG (chromatographie en phase gazeuse) et la CG/SM (chromatographique en phase gazeuse-spectrométrie de masse) incluant l'application de méthodes de détection variables ont été utilisées pour examiner ou quantifier les triazines dans l'environnement. Ces méthodes sont bien documentées dans plusieurs articles (Hamada *et al.*, 2002).

I.6.2. L'atrazine (ATZ)

L'atrazine est le 2-chloro-4-(éthylamine)-6-(isopropylamine)-s-triazine. C'est un herbicide très utilisé en agriculture, dont la présence dans les eaux de surface a été rapportée par Beltrán *et al.* (2000). Elle est utilisée principalement dans la lutte contre les graminées en culture de maïs (Solomon *et al.*, 1996). L'atrazine est le produit phytosanitaire le plus souvent détecté dans les eaux souterraines, superficielles et potables (Solomon *et al.*, 1996 ; Boyd *et al.*, 2000 ; Capel *et al.*, 2001).

L'atrazine est représenté par la formule semi-développée ci-dessous (Figure I.8).

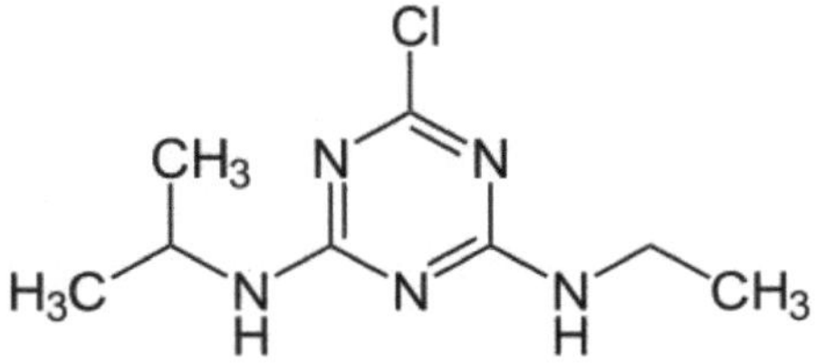

$MM = 215,683$ g.mol^{-1}

Figure I.8. Structure de l'atrazine.

Il s'agit d'une base, dont le pKa est de 1,68 à 21 °C. Elle forme des sels avec les acides. Ci-dessous, quelques caractéristiques de l'atrazine (Tableau I.13).

Tableau I.13. Caractéristiques de l'atrazine.

Nom IUPAC	2-chloro-4-éthylamino-6-isopropylamino-1,3,5-triazine
Formule moléculaire	$C_8H_{14}ClN_5$
Aspect	Cristaux incolores
Masse moléculaire	215,7 g.mol^{-1}
Densité	1,187
Solubilité à 20°C dans l'eau	30 mg.L^{-1}
pKa à 20°C	1,62
Stabilité	Relativement stable en milieu neutre, faiblement acide ou basique

I.6.2.1. L'utilisation et l'interdiction de l'atrazine

L'atrazine est l'un des herbicides les plus utilisés dans le monde. L'utilisation d'ATZ représente environ 75 million de livres par an, uniquement aux États-Unis USEPA, 1994.
En raison de son utilisation fréquente, l'ATZ et son métabolites sont généralement trouvés dans les eaux souterraines et de surface des eaux du Midwest, du Sud et de l'Est des États-Unis (Adams *et al.*, 1990 ; Thurman *et al.*, 1991 ; Schottler *et al.*, 1994 ; Barbash *et al.*, 1999 ; Nelson *et al.*, 2001 ; Jiang *et al.*, 2005).

Un autre rapport (Tasli *et al.*, 1996) indique que l'atrazine est le second pesticide le plus utilisé au monde. En France, environ 5000 tonnes d'atrazine sont déversées tous les ans sur les quelques 3 millions d'hectares de maïs cultivé.
L'interdiction de l'utilisation de l'atrazine fait suite à l'inquiétude provoquée par la fréquence et l'importance de la contamination des eaux par cette dernière. Cette contamination touche à la fois les cours d'eau, par ruissellement, et les eaux souterraines, par infiltration (Sénat, Annexe 47).

En France, la prise de conscience écologique du grand public à la fin des années 80 a incité l'état à prendre des mesures visant à limiter l'emploi de pesticides en agriculture après les alertes des DDASS et DRASS (Directions Départementales et Régionales des Affaires Sanitaires et Sociales) qui ont constaté des dépassements de seuils d'atrazine dans les prélèvements d'eau potable. D'autre part, une directive CEE du 15 juillet 1980 (directive n°80-778/CEE) fixe la teneur maximale en atrazine dans les eaux potables à 0,1 $\mu g.L^{-1}$. Un arrêté ministériel paru dans le journal officiel du 13 juillet 1990 limitait l'emploi de l'atrazine à 1500 $g.ha^{-1}$ de matière active ; un second arrêté, publié le 15 février 1997 ramène les doses d'emploi à 1000 $g.ha^{-1}$. L'atrazine a donc été très couramment utilisée pendant une quarantaine d'années, entre son introduction en 1960 jusqu'à son interdiction, en 2001.

L'interdiction totale a ainsi été décidée fin 2001. Après le choix politique, annoncé en octobre 2001, l'interdiction a pris la forme d'un avis aux opérateurs (avis du 27 novembre 2001). La date limite de distribution a été fixée au 30 septembre 2002. La date limite d'utilisation a été fixée au 30 septembre 2003 (Sénat, Annexe 47).

I.6.2.2. Les effet de l'atrazine

L'atrazine est classée comme étant un composé nocif pour le système cardiovasculaire et reproductif chez l'homme. Pour cette raison, cet herbicide a reçu une attention particulière dans la surveillance de l'environnement et la santé (Hernández *et al.*, 1998).
Elle est aussi classée dans les années 1980 comme cancérogène possible pour les humains. Récemment, en tant que perturbateur endocrinien putatif, ses effets toxiques ont été étudiés à la fois sur des animaux de laboratoire et chez l'homme (Cimino-Reale *et al.*, 2007).

Hayes *et al.* (2002, 2003) ont montré que des concentrations extrêmement faibles en atrazine peuvent féminiser les amphibiens et également perturber le cycle oestral des différentes souches de rats de laboratoire (Cooper *et al.*, 1996).

Des recherches récentes montrent que atrazine (ATZ), la simazine (SIM), et la propazine (PROP), ainsi que leurs trois dérivés chlorés ; la déséthylatrazine (DEA), la désisopropylatrazine (DIA) et la didealkylatrazine (DDA) peuvent causer un effet toxique en termes de perturbation du système endocrinien (Jiang et Adams, 2006).

I.6.2.3. La réactivité de l'atrazine

Les procédés de décontamination utilisant des micro-organismes comme les bactéries sont relativement lents et par conséquent, ils sont presque inefficaces dans le cas des triazines. Ces composés peuvent persister dans le sol conduisant à la contamination de l'eau potable. Les méthodes conventionnelles utilisées pour la décontamination des eaux usées ne sont pas efficaces dans le cas des triazines et donc de nombreux travaux sont consacrés au développement de nouvelles technologies pour leur élimination complète.

L'oxydation de l'atrazine en milieu aqueux a été rapportée dans la littérature (Balci *et al*, 2009). En absence de carbone inorganique et de matière organique naturelle, la première étape de l'oxydation de l'atrazine par les radicaux OH° est l'arrachement d'un atome d'hydrogène qui entraîne la formation d'un radical centré sur le carbone du groupement éthylamine, équation I.3 (Acero *et al.*, 2000).

$$OH° \ + \ R\text{-}NHCH_2CH_3 \ \longrightarrow \ H_2O \ + \ R\text{-}NHC°HCH_3 \hspace{2cm} \textbf{(I.3)}$$

En présence de dioxygène, ces radicaux produisent des dérivés N-desalkylés (De Laat *et al.*, 1995). Dans le cas de l'atrazine, le départ d'un atome de Cl sur le cycle triazine peut se faire par l'attaque des radicaux sur le carbone portant cet atome. Les désalkylations successives peuvent conduire aux groupes aminés et à la formation d'un sous-produit très stable (l'acide cyanurique) qui réagit peu avec les radicaux.

La Figure I.9 présente le schéma de dégradation de l'atrazine jusqu'à la formation de l'acide cyanurique.

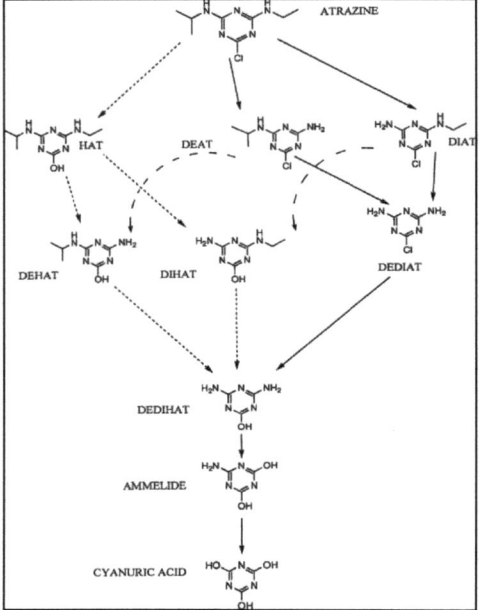

Figure I.9. Schéma général de la dégradation de l'atrazine en présence des radicaux hydroxyle, avec les intermédiaires d'oxydation.

Il existe plusieurs rapports sur la dégradation des dérivés de triazine en utilisant des AOP (Pelizzetti *et al.*, 1990 ; Arantegui *et al.*, 1995 ; Pratap *et al.*, 1998 ; Joseph *et al.*, 2000).D'après tous ces rapports, seule la transformation de l'atrazine en acide cyanurique, moins toxique a été démontrée.

I.6.3. L'acide cyanurique (CYA)

L'acide cyanurique (CYA) est un produit industriel important avec un squelette de 1,3,5-triazine-2,4,6-triol. L'acide cyanurique est largement utilisé comme ingrédient dans la production de poudres à récurer, de blanchiment domestique et nettoyants industriels.
On retrouve l'acide cyanurique aussi en tant que stabilisant dans les piscines pour empêcher la destruction du chlore par la lumière du soleil ou l'évaporation (Kowalsky, 1992).
Il est soluble dans l'eau, sa solubilité est de l'ordre de 2 g·L^{-1} dans l'eau.

L'acide cyanurique est représenté par la formule semi-développée ci-dessous :

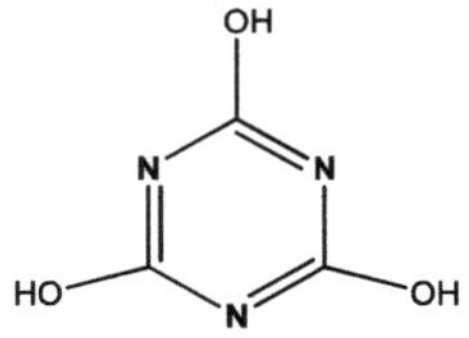

MM= 129,07 g.mol^{-1}

Figure I.10. Structure de l'acide cyanurique.

Ci-dessous, quelques caractéristiques de l'acide cyanurique (Tableau I.14).
Tableau I.14. Caractéristiques de l'acide cyanurique.

Nom IUPAC	1,3,5-triazine-2,4,6-triol
Formule moléculaire	$C_3N_3O_3H_3$
Aspect	Solide sous forme de cristaux, blanc, inodore
Masse moléculaire	129,07 g.mol^{-1}
Densité	2,5
Solubilité à 25°C dans l'eau	2 g.L^{-1}
pKa à 20°C	6,9 (Chen *et al.*, 2009)
Stabilité	Instable dans les conditions suivantes : il absorbe l'humidité de l'air (hygroscopique)

Selon le "Handbook of Chemistry and Physics", l'acide cyanurique possède trios pKa :

$[C (O) NH]_3 \rightleftharpoons [C (O) NH]_2 [C (O) N]^- + H^+$ (pKa = 6,88)
$[C (O) NH]_2 [C (O) N]^- \rightleftharpoons [C (O) NH] [C (O) N]_2{}^{2-} + H^+$ (pKa = 11,40)
$[C (O) NH] [C (O) N]_2{}^{2-} \rightleftharpoons [C (O) N]_3{}^{3-} + H^+$ (pKa = 13,5)

I.6.3.1. L'acide cyanurique dans l'environnement

Dans l'environnement, c'est un produit de dégradation des herbicides de la famille des triazines tels que l'atrazine (ATZ) et la simazine (SIM).

L'acide cyanurique est également formé lors de l'oxydation de ces molécules par les POA. La photocatalyse a permis de dégrader la cyromazine en acide cyanurique, ce dernier empêche l'obtention d'une minéralisation complète de la cyromazine comme pour l'atrazine et d'autres s-triazines par tous les procédés oxydatifs (Goutailler *et al.*, 2001).

La dégradation photocatalytique de trois herbicides 2-chloro-s-triazine (SIM, PROP, ATZ) par TiO_2 sous lumière solaire simulée a été étudiée par Pelizzetti *et al.* (1992) et le produit final est l'acide cyanurique. Il est également connu comme l'un des produits de dégradation du dichloroisocyanurate de sodium (NaDCC) (Patel et Jones, 2007).

Des études ont suggéré que l'acide cyanurique n'est que légèrement toxique. Hammond *et al.* (1986) ont fait remarquer que l'injection quotidienne par voie orale de l'acide cyanurique peut causer de graves dommages aux animaux. Par conséquent, l'acide cyanurique a été inscrit dans la liste des polluants par l'eau potable par l'USEPA (1998).

I.6.3.2. La réactivité de l'acide cyanurique

I.6.3.2.1. L'oxydation de l'acide cyanurique

Peu d'études ont été réalisées sur la dégradation de l'acide cyanurique, un produit final stable de décomposition oxydative de l'atrazine.

Varghese *et al.* (2007) ont étudié l'oxydation de l'acide cyanurique par un procédé associant la radiolyse gamma et la réaction de Fenton. Ils montrent que l'oxydation de CYA à un pH de 6 n'est pas efficace (20 % de dégradation) par radiolyse seule. Cependant, lorsque la même réaction est réalisée en présence de différentes concentrations de sulfate ferreux ((5 à 10) × 10^{-5} mol.dm^{-3}), la décroissance de CYA est améliorée pour plus de 80%. Ces auteurs ont proposé deux principaux mécanismes réactionnels.

Le 1er mécanisme est la formation de radical hydroxyle instable qui est le résultat de radiolyse gamma et de la réaction Fenton. Le 2ème mécanisme est la réaction d'un nucléophile, Fe(II)OOH, qui pourrait réagir directement avec le noyau triazine déficient en électron. Les produits finaux de la réaction n'ont pas pu être identifiés.

Oh et Jenks (2004) ont réalisé la dégradation de l'acide cyanurique dans des suspensions aqueuses de TiO_2 Degussa P25 par addition d'ions fluorure à faible pH. Conformément au travail de Minero et Pelizzetti (2000 a et b), il est suggéré que cette dégradation est due à la formation de radicaux hydroxyle en phase homogène.

Par contre, l'étude de Watanabe *et al.* (2005) montre que dans des conditions où les radicaux OH° sont les agents oxydants dans la dégradation photocatalytique ou les processus de dégradation de type Fenton, indépendamment de la façon dont ces radicaux sont générés, l'acide cyanurique reste une molécule réfractaire à l'oxydation. Johnson *et al.* (2000) ont dégradé l'acide cyanurique sous oxydation anodique à une électrode Pt, les groupements azotés de la triazine sont convertis en ions NO_3^- (environ 70%) et en traces d'ions NO_2^-.

Macyk *et al.* (2003) ont dégradé l'acide cyanurique par des particules de TiO_2H_2 [PtCl6], la formation des ions NO_3^- (dégradation de 60 % après 6 h) a été observée.

Héquet *et al.* (2000) ont réussi à dégrader l'acide cyanurique par photolyse directe à 185 nm dans un milieu aqueux et la formamide est le produit final de la dégradation.

I.6.3.2.2. La biodégradation de l'acide cyanurique

Dans d'autres conditions, telles que la biodégradation, l'hydrolyse à de températures élevées sur l'alumine, et en milieux aqueux, l'acide cyanurique est dégradé.

La biodégradation de l'acide cyanurique a été réalisée par plusieurs auteurs (Zeyer *et al.*, 1981 ; Shiomi *et al.*, 2006 ; El-Sayed *et al.*, 2006). La voie de dégradation de CYA par certaines bactéries et champignons (dans des conditions anaérobies) est représentée par les équations suivantes :

$$CYA + 2H_2O \rightarrow Biuret + H^+ + HCO^{3-}$$
$$Biuret + H_2O \rightarrow Allophanate^- + NH_3 + H^+$$
$$Allophanate^- + H^+ + H_2O \rightarrow 2NH_3 + 2CO_2$$

En bilan, on obtient:

$$CYA + 4H_2O \rightarrow H^+ + HCO^{3-} + 3NH_3 + 2CO_2$$

Où,

Biuret :   **Allophanate :**

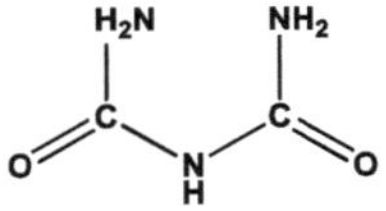

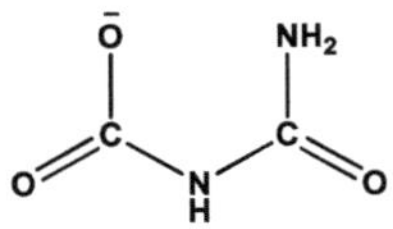

I.6.4. La mélamine (MEL)

La mélamine (MEL) est un composé hétérocyclique triazine avec un squelette de 1,3,5-triazine-2,4,6-triamine (Figure I.11).

La mélamine est un produit chimique industriel couramment utilisé dans la fabrication de colorants, résines, engrais, retardateurs de flamme et d'autres matériaux (Hau *et al.*, 2009). Elle est couramment utilisée pour ses propriétés ignifuges et elle est souvent combinée avec du formaldéhyde dans le moulage de matières plastiques.

Sa solubilité est de l'ordre de 3,2 g.L^{-1} dans l'eau, la mélamine n'est pas un additif alimentaire approuvé (FDA, Food and Drug Administration, 2008).

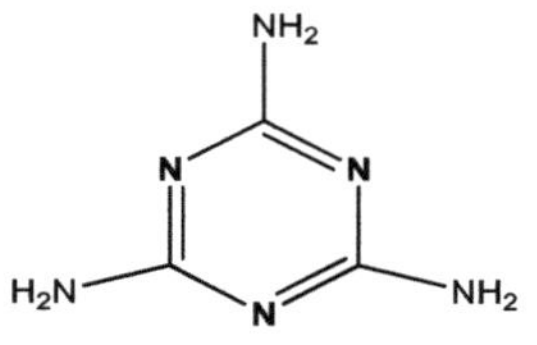

MM= 126,12 g.mol^{-1}

Figure I.11. Structure de la mélamine.

Dans le tableau I.15 sont présentées quelques caractéristiques de la mélamine.

Tableau I.15. Caractéristiques de la mélamine.

Nom IUPAC	1,3,5-triazine-2,4,6-triamine
Formule moléculaire	$C_3H_6N_6$
Aspect	Solide poudreux cristallin, blanc, inodore
Masse moléculaire	126,12 g.mol-1
Densité	4,8
Solubilité à 20 °C dans l'eau	3,2 g.L^{-1}
pKa à 20 °C	5 (Chen *et al.*, 2009)
Stabilité	Instable dans les conditions suivantes : lorsqu'elle est chauffé à plus de 350 °C elle se décompose en émettant des fumées et des gaz toxiques

I.6.4.1. L'utilisation de la mélamine

En raison de leurs forte teneurs en azote, la mélamine et ses analogues triazine ont été utilisées pour augmenter artificiellement la teneur apparente en protéines dans les aliments et les aliments pour animaux (Cattaneo et Ceriani, 1988 ; Barboza et Barrionuevo, 2007 ; Brown *et al.*, 2007 ; FDA, 2007 ; OMS, 2008 ; Xin *et al.*, 2008 ; Gonzalez *et al.*, 2009 ; Nilubol *et al.*, 2009 ; Lachenmeier *et al.*, 2009 ; Yhee *et al.*, 2009 ; Cocchi *et al.*, 2010). Le teneur élevé en azote contenue dans la mélamine confère des caractéristiques analytiques semblables aux protéines et ne se distingue pas des sources de protéines réelles par les dosages protéiques traditionnels comme Kjeldahl ou Dumas (Newton *et al.*, 1978).

De récents rappels concernant les aliments pour animaux et les produits laitiers contaminés par la mélamine ont créé une préoccupation de sécurité alimentaire généralisée. La contamination par la mélamine a été signalée dans plusieurs produits tels que le lait, le lait maternisé, le yaourt glacé, les aliments pour animaux, les biscuits, les bonbons, les boissons et le café (OMS, 2008). Il était auparavant considéré comme un azote non protéique (NPN), supplément pour l'alimentation du bétail ; toutefois, cette utilisation a été abandonnée.

I.6.4.2. Les effet et toxicité de la mélamine

Des rapports récents ont démontré une épidémie de lésions rénales chez les nourrissons ayant consommé régulièrement des produits laitiers contenant de la mélamine (Chan et al., 2008 ; Lam et al., 2009 ; Hau et al., 2009). En 2009, l'Organisation Mondiale de la Santé a signalé une estimation de 51900 enfants en Chine qui ont été hospitalisés, avec six décès dus à la contamination par la mélamine. Les enfants ont été hospitalisés pour des problèmes urinaires et rénaux possibles, des blocages tubulaires et des calculs rénaux (Hau et al., 2009 ; Tyan et al., 2009 ; Skinner et al., 2010).

Les effets toxiques associés à la consommation par la mélamine sont généralement associés à des doses élevées. Les concentrations de mélamine dans des échantillons contaminés (alimentaires en chine) variait de 90 à 620 $mg.mL^{-1}$ (Zenobia et al., 2009). Une dose journalière tolérable (DJT) de 0,63 $mg.kg^{-1}.jour^{-1}$ (0,63 $\mu g.mL^{-1}$) a été recommandée par la FDA le 3 Octobre 2008 (et mise à jour de 28 Novembre) pour les aliments et autres ingrédients alimentaires que les laits maternisés (Dobson et al., 2008).

Un certain nombre d'animaux de compagnie (chiens et chats) sont décédés après avoir mangé des aliments pour animaux produits par une même entreprise. Au cours de l'enquête, la FDA a constaté la présence de mélamine dans les aliments pour animaux de compagnie. Ce composé a été soupçonné d'être converti en acide cyanurique in vivo produisant des précipitations avec la mélamine, et donc conduisant à la mort des animaux de compagnie (Brown et al., 2007 ; Puschner et al., 2007). Cet incident a attiré l'attention du public, et a conduit à la détermination rigoureuse de l'acide cyanurique et de la mélamine dans les échantillons alimentaires de nouvelles recherches sur la toxicité.

Avant ces récents évènements, il y avait peu de données concernant la toxicité de la mélamine qui était jugée comme non toxique. La mélamine est connue pour être rapidement excrétée dans l'urine (Mast et al., 1983 ; Jacob et al., 2012), mais en présence de l'acide cyanurique, les deux molécules peuvent précipiter dans les tubules rénaux (Brown et al., 2007 ; Puschner et al., 2007).

Ainsi, d'autres études ont montré que la présence seule de la mélamine ou de l'acide cyanurique dans les chats, les porcs, les poissons, ou les rats est insuffisante pour provoquer des lésions rénales lithiase rénale ou aiguë (IRA). Cependant, la formation de cristaux de mélamine cyanurate dans les reins due à la présence simultanée des deux composés a été démontrée (Brown *et al.*, 2007 ; Reimschuessel *et al.*, 2008 ; Jacob *et al.*, 2011 ; Puschner et Reimschuessel, 2011 ; Jacob *et al.*, 2012).

Pour s'assurer que l'approvisionnement alimentaire n'est pas affecté par la mélamine et des produits frelatés, la FDA a pris des mesures proactives, en augmentant l'échantillonnage et les essais.

Après les événements de 2007 et 2008, il ya eu un regain d'intérêt dans la compréhension de la toxicité de la mélamine, un composé qui a été considéré comme non toxique tel que mentionné ci-dessus avec une DL_{50} par des rats de 3,2 g.kg^{-1} (Melnick *et al.*, 1984).

I.6.4.3. La réactivité de la mélamine

I.6.4.3.1. L'oxydation de la mélamine

Bozzi *et al.* (2004) ont étudié l'oxydation de la mélamine sous irradiation UV en présence deTiO$_2$ etH$_2$O$_2$. Les principaux produits intermédiaires qui se forment au cours de la photodégradation ont été identifiés par chromatographie liquide couplée à la spectrométrie de masse (CL/SM) en ions positifs et négatifs. L'oxydation de la mélamine en présence de H$_2$O$_2$ mène à la formation de l'amméline, l'ammélide, et finalement à l'acide cyanurique.
La formation de l'acide cyanurique (photo-produit intermédiaire) empêche la minéralisation complète de la mélamine comme observée pour l'atrazine et autres s-triazines par photocatalyse.
La toxicité des solutions après oxydation est plus élevée que celle initialement trouvée pour la mélamine. Cela est dû aux produits intermédiaires générés par l'UV/H$_2$O$_2$/TiO$_2$.

I.6.4.3.2. La biodégradation de la mélamine

Jutzi *et al.* (1983) ont proposé la voie de dégradation de la mélamine (Figure I.12) par la souche A Pseudomonas sp.

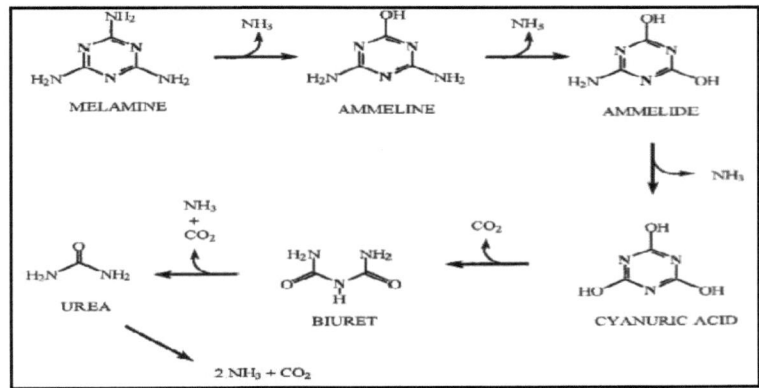

Figure I.12. Voie de métabolisation de la mélamine par la souche Pseudomonas et voie présomptive de métabolisation de la mélamine par K. terragena (Jutzi *et al.*, 1983).

D'après les travaux de Nohara *et al.* (1997) la structure chimique du substrat influence la proportion des ions formés. L'oxydation photocatalytique par TiO_2 des composés azotés forme des produits intermédiaires possédant un groupe amine ou amide qui conduit majoritairement à la production d'ions NH_4^+. Les ions nitrates sont probablement formés par génération de groupes hydroxylamine (Figure I.13).

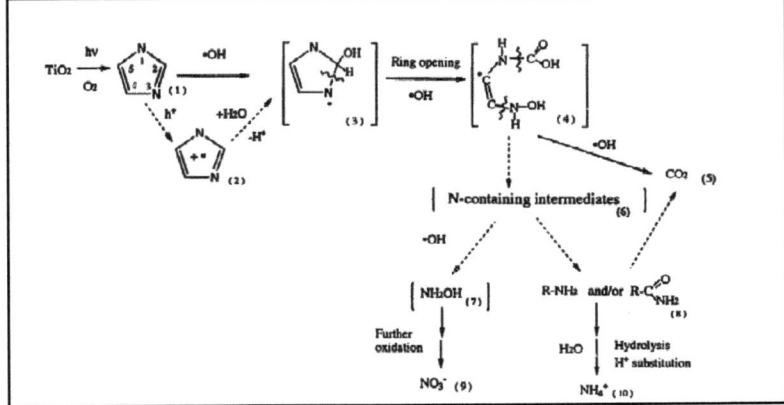

Figure I.13. Voie de formation des ions NH_4^+ et NO_3^- lors de la photominéralisation d'imidazole (Nohara *et al.*, 1997).

51

I.7. Les méthylamines

La méthylamine (MA) et la diméthylamine (DMA), sont largement utilisées dans l'industrie chimique pour fabriquer des pesticides (zirame, thirame, diuron), des agents tensioactifs (oxyde d'alkyldiméthylamine), des produits chimiques photographiques, des explosifs, des colorants et des produits pharmaceutiques. Ils sont également utilisés dans l'industrie du nylon pour améliorer la résistance à la traction (Helali *et al.*, 2011).

La méthylamine et la diméthylamine sont facilement solubles en milieu aqueux et en phases lipidiques. Elles sont en mesure d'accéder facilement au cerveau et aux tissus médullaires. Elles peuvent interférer avec la fonction neurologique en raison de leur faible poids moléculaire. Leur fonction amine est riche en électrons (Helali *et al.*, 2011).

I.7.1. La méthylamine (MA)

La méthylamine est un composé organique de formule CH_3NH_2, utilisé pour la production de solvants, de colorants, comme propulseur pour les fusées et dans le développement photographique, pour la synthèse de pesticides et de produits pharmaceutiques comme l'éphédrine. Elle est très soluble dans l'eau, utilisée comme solvant.

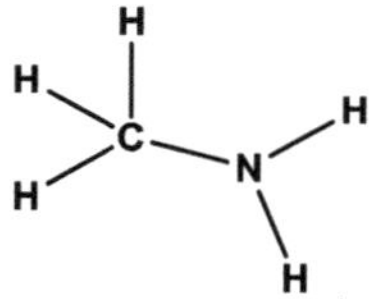

$$MM= 31,057 \text{ g.mol}^{-1}$$

Figure I.14. Structure de la méthylamine.

Ci-dessous, quelques caractéristiques de la méthylamine (Tableau I.16).

Tableau I.16. Caractéristiques de la méthylamine (Handbook of chemistry and physics).

Nom IUPAC	Méthylamine
Formule moléculaire	CH_5N
Masse moléculaire	$31,057 \text{ g.mol}^{-1}$
Densité	1,08
Solubilité à 20°C dans l'eau	Très soluble
pKa à 20°C	10,65
Stabilité	Ce produit est stable

I.7.1.1. L'oxydation de la méthylamine

Plusieurs procédés ont été utilisés pour la dégradation de la méthylamine.

Huerta *et al*. (1999) ont étudié l'oxydation électrochimique de la MA sur des électrodes de Pt dans un milieu acide. Ils ont observé que l'oxydation de la MA donne lieu à la formation de cyanure adsorbé selon le type d'électrode Pt. Dans le cas de Pt (111) le cyanure résultant adsorbé est stable. Par contre, la liaison C-N du cyanure présente une grande réactivité sur le Pt (100), générant le cyanure adsorbé qui produit le NO et le CO adsorbé selon la polarisation de l'électrode.

Peu d'études ont examiné l'oxydation photocatalytique de la MA. Kim et Choi(2002) ont étudié la dégradation photocatalytique d'une série de $(CH_3)_nNH_{4-n}^+$ ($0 \leq n \leq 4$) par UV/TiO_2 dans des gammes de pH de 3 à 11. Les auteurs ont constaté que la dégradation photocatalytique a été fortement améliorée en solutions alcalines avec une production favorisée de NO_2^-/NO_3^-.

L'oxydation photocatalytique de la méthylamine sur le dioxyde de titane en solution aqueuse a été étudiée par Kachina *et al*. (2007). Un maximum d'efficacité de l'oxydation photocatalytique est atteint en milieu alcalin et le pH optimal pour l'oxydation photocatalytique de la MA est égal à 11,7 et aucune formation de nitrite ni de nitrate à la gamme pH de 2 à 7.

La chimie de l'oxydation à haute température de la méthylamine a été étudiée avec l'élucidation des voies de réaction dans des conditions oxydantes par Kantak *et al*. (1997). Un ensemble de réactions de pyrolyse et d'oxydation de la MA supporté par la littérature est proposée. Une grande partie de MA est initialement convertie en NH_3^-.

Une plus récente étude (Helali *et al*., 2013) sur l'adsorption, la photolyse et la dégradation photocatalytique de la méthylamine en utilisant le dioxyde de titane (TiO_2) comme photocatalyseur a permis d'examiner les conditions optimales pour la dégradation complète de la MA dans l'eau. Il a été constaté que les espèces neutres CH_3NH_2 sont plus rapidement dégradées que leur forme protonée $CH_3NH_3^+$ parce que les radicaux $OH°$ ont réagi plus avec les électrons en paire solitaires sur l'atome d'azote. L'atome d'azote dans la MA a été photoconverti principalement en NH_4^+. Pas de production de nitrite ni de nitrate à pH 3,1 et 5,2 et une forte production à pH 12.

Au cours de la chloration ou de la chloramination, les amines primaires sont rapidement di-chlorées. Trois voies différentes de dégradation pour ces organochloramines peuvent expliquer la formation de sous-produits nitriles, aldéhydes et halogénonitroalcane (Joo et Mitch, 2007) (Figure I.15).

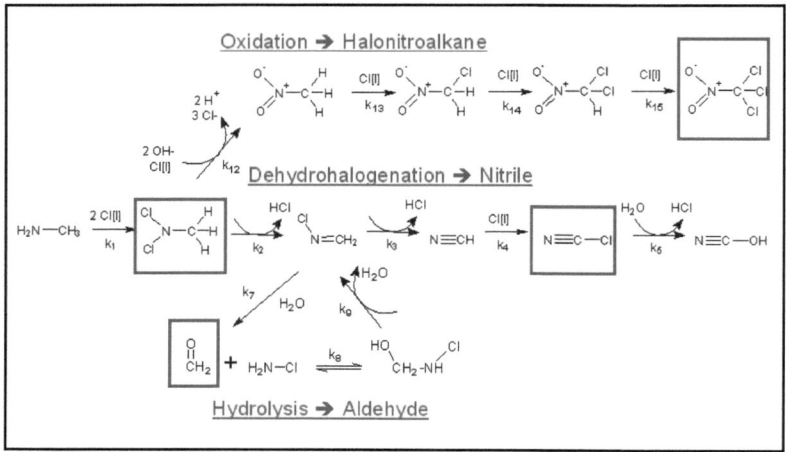

Figure I.15. Mécanisme de formation des nitriles, aldéhydes et halonitroalkanes lors de la chloration/chloramination d'amines primaire (Joo et Mitch, 2007).

Compte tenu des faibles niveaux des halonitrométhanes (HNM) rapportés dans les effluents d'eaux usées chlorées ou chloraminées, les eaux usées ne semblent pas être une source importante de précurseurs de chloropicrine (Bond *et al.*, 2012). Toutefois, les niveaux de DMA rapportés dans les effluents des STEP (30-80 mg.L^{-1}, Sacher 2008, cité par Bond 2012) ou dans les rivières allemandes (2-3 mg.L^{-1}) pourraient représenter une part importante des précurseurs de chloropicrine.

I.7.2. La diméthylamine (DMA)

La diméthylamine est une amine secondaire. C'est un gaz inflammable incolore, liquéfié, à l'odeur d'ammoniac et de poisson. La diméthylamine est en général utilisée en solution aqueuse à des concentrations allant jusqu'aux alentours de 40 %.

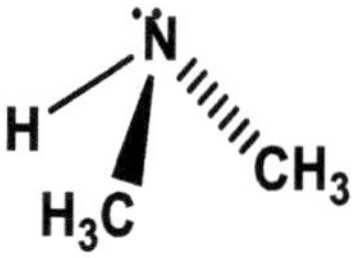

MM= 45,083 g.mol^{-1}

Figure I.16. Structure de la diméthylamine.

54

On l'utilise aussi en fonderie industrielle sous forme gazeuse, elle sert à la réaction des résines utilisées pour la fabrication de produits organiques et de produits de tannage comme le cuir. Ci-dessous, quelques caractéristiques de la diméthylamine (Tableau I.17).

Tableau I.17. Caractéristiques de la diméthylamine (Handbook of chemistry and physics).

Nom IUPAC	Diméthylamine
Formule moléculaire	C_2H_7N
Masse moléculaire	$45,083 \ g.mol^{-1}$
Densité	1,55
Solubilité à 20°C dans l'eau	Très soluble
pKa à 20°C	10,732
Stabilité	Ce produit est stable

I.7.2.1. La toxicité de la diméthylamine

Comme beaucoup d'autres amines aliphatiques à chaîne courte, la toxicité de la DMA explique l'intérêt porté face à l'environnement. La réactivité est sans doute la raison de son utilisation industrielle assez large.

Les effets liés à l'exposition à plusieurs amines, dont la diméthylamine, sont décrits par quelques auteurs : vision bleue ou grise des objets, apparition de halos autour de ces derniers (Grant et Schulman, 1993). Aucune donnée de mortalité n'est rapportée chez l'homme pour cette substance.
La diméthylamine a été suspectée comme étant une neurotoxine possible chez les patients urémiques intracellulaire où elle est séquestrée et se retrouvée dans des concentrations plus élevées que la normale dans l'intestin, le sang et les tissus du cerveau (Ihle *et al.*, 1984).

En outre, la DMA peut réagir avec des agents de nitrosation pour former le composé cancérigène N-nitrosodiméthylamine (Cháfer-Pericás *et al.*, 2005). La diméthylamine est le précurseur immédiat de la diméthylnitrosamine, un cancérigène puissant connu dans une grande variété d'espèces animales.

I.7.2.2. L'oxydation de la diméthylamine

Elmghari-Tabib *et al.* (1982) ont démontré que l'ozonation de la diméthylamine conduit à la formation de composés azotés et l'hydroxylamine. Les données de la littérature sur l'ozonation et les sous-produits observés suggèrent que la nitrosation de la DMA pourrait être responsable de la production de nitrosamines. Andrzejewski *et al.* (2008) indiquent ainsi que l'ozonation de solutions aqueuses de la diméthylamine conduit à la formation de N-nitrosodiméthylamine (NDMA) inférieure à 0,4 % par rapport à la DMA et augmente avec l'augmentation du pH.

Les travaux de Yang *et al.* (2009) ont confirmé la formation de la NDMA, sous l'effet de l'ozonation de la DMA. Ils ont proposé un mécanisme de formation de la NDMA qui est basé sur la génération de l'hydroxylamine en tant que sous-produit d'oxydation de la DMA. Selon l'hypothèse de Yang *et al.* (2009), la formation de nitrosamines est issue de la formation de la diméthylhydrazine asymétrique (UDMH) ensuite oxydé par l'ozone.
Les voies réactionnelles sont présentées dans la Figure I.17.

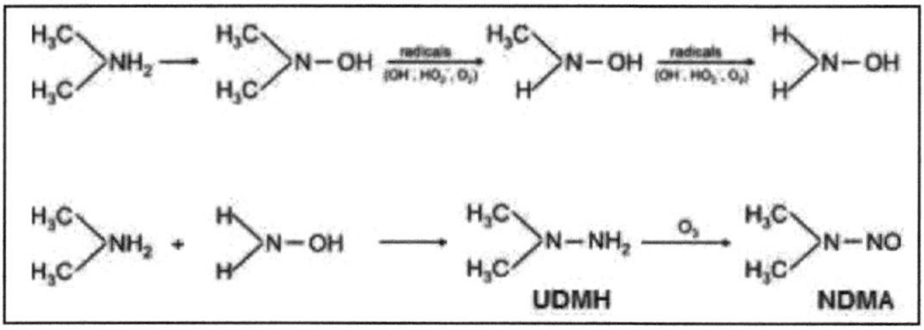

Figure I.17. Mécanisme de formation de NDMA par ozonation de la DMA (Yang *et al.*, 2009).

Une étude plus récente d'Andrzejewski *et al.* (2012), a confirmé l'hypothèse de l'oxydation de la DMA en N-diméthylhydroxylamine (DMHA), puis en N-méthylhydroxylamine (MHA) et enfin en l'hydroxylamine (HA) (Figure I.18). Le HA réagit ensuite avec la partie restante de la DMA pour former la diméthylhydrazinedissytrique (UDMH). Enfin l'UDMH subit une oxydation avec l'ozone pour former la NDMA. La HA est considéré comme un sous-produit important qui augmente la formation de la NDMA.

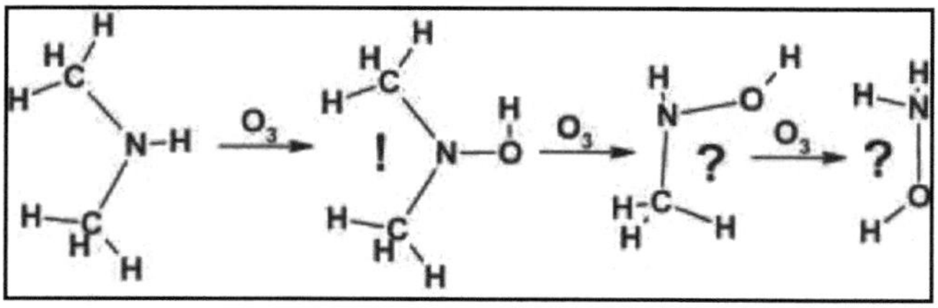

Figure

I.18. Influence des produits hypothétiques d'ozonation de la diméthylamine sur la formation de N-nitrosodimethylamine (Andrzejewski *et al.*, 2012).

En 2002, Choi et Valentine (2002), Mitch et Sedlak (2002) ont signalé que la NDMA est formée lors de la désinfection à la chloramine de l'eau ou du traitement des effluents d'eaux usées contenant la diméthylamine.

56

La réaction entre les nitrites et certains composés azotés comme les amines secondaire à pH acide, entraine la formation des N-nitroso et en particuliers la NDMA (Mirvish, 1975).

Lee et Yoon (2007) ont indiqué que la diméthylamine peut former une nitrosamine cancérigène, la nitrosodiméthylamine, par réaction de nitrosation dans le corps avec des agents présents dans les aliments ou avec des agents bactériens ou endogènes.

Choi (2006) a comparé la dégradation photocatalytique de la diméthylamine en utilisant Pt/TiO_2. La photodégradation de la diméthylamine sur Pt/TiO_2 était beaucoup plus rapide et a donné des produits différents de ceux obtenus avec le TiO_2 pur. Environ 30% de diméthylamine a été converti en triméthylamine par Pt/TiO_2 après une heure d'irradiation alors qu'aucune conversion en triméthylamine a été observée en présence de TiO_2 pur.

Kachina et al. (2007) ont également étudié l'oxydation photocatalytique en phase gazeuse de la diméthylamine, la formation de produits volatils tels que l'ammoniac, le formamide dioxyde de carbone a été observée.

I.7.2.3. Réactivité des sous-produits de la MA et de la DMA

I.7.2.3.1. La N-nitrosodiméthylamine (NDMA)

La N-nitrosodimethylamine (NDMA) appartient à la famille des nitrosamines et elle est classée comme probablement cancérigène pour l'homme (niveau de risque : 10^{-6} pour 0,7 $ng.L^{-1}$) (USEPA, 1987). Ses propriétés physicochimiques sont indiquées dans le tableau I.18.

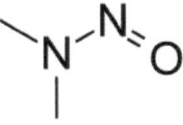

MM= 74,08 $g.mol^{-1}$

Figure I.19. Structure de la NDMA.

Tableau I.18. Caractéristiques physico-chimiques de la NDMA[a].

Nom IUPAC	N,Ndiméthylnitrosamine
Formule moléculaire	$C_2H_6N_2O$
Masse moléculaire	74,08 g.mol^{-1}
Température de fusion	-50 °C
Température d'ébullition	154 °C
Solubilité à 25°C dans l'eau	Miscible
Odeur	Sans odeur
Aspect	Composé organique polaire, jaune et huileux, semi volatil et combustible

[a]Inclut les valeurs expérimentales et calculées citées dans ATSDR (1989), MEO (1991) et DMER et AEL (1996).

Selon Mitch et Sedlak (2002) les avancées des techniques analytiques ont permis la détection de la NDMA dans les eaux à des concentrations de l'ordre du ng.L^{-1}.

Une étude de Lee *et al.* (2007) a montré que la MA est le produit principal aminé de l'oxydation de la NDMA par les radicaux hydroxyle OH°. L'auto-décomposition du carbone de la NDMA résultant de l'attaque des radicaux OH° sur le groupe méthyle a été suggérée comme la principale voie d'oxydation de la NDMA en MA (Figure I.20).

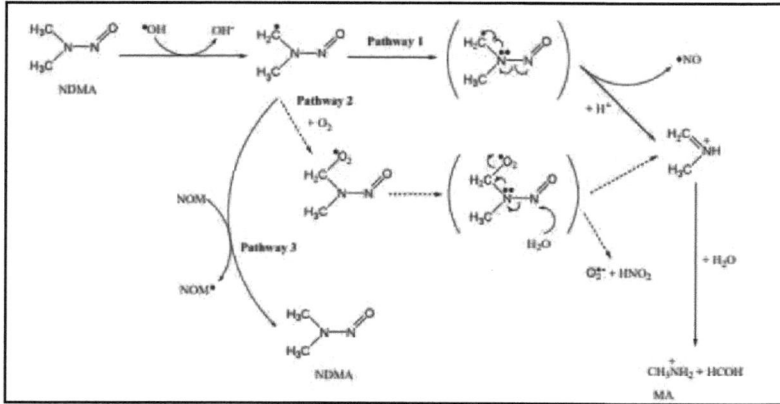

Figure I.20. Voie possible de l'oxydation de la NDMA initiée par des radicaux hydroxyle (Lee *et al.*, 2007).

Xu *et al.* (2009) ont étudié la dégradation de la NDMA par photolyse combinée avec l'ozone dans l'eau potable. Ils ont constaté que le processus UV/O$_3$ est une méthode efficace pour l'élimination de la NDMA dans l'eau potable et pour inhiber la régénération de la NDMA. L'introduction de l'ozone dans le processus UV a influencé l'efficacité de l'élimination de la NDMA. Cependant, il a eu une grande influence sur la formation de produits de dégradation de la NDMA. Les principaux produits de dégradation de la NDMA sont la DMA et les ions NO$_2^-$. La diminution de la formation de la DMA et les ions NO$_2^-$, était la clé de l'inhibition de la régénération de la NDMA. Par le processus UV/O$_3$, les rendements de la DMA et les ions NO$_2^-$ ont été diminués avec l'augmentation du dosage d'ozone. La présence d'ozone et les radicaux hydroxyles OH° permis d'oxyder les ions NO$_2^-$ en NO$_3^-$. Il y avait deux mécanismes possibles pour la diminution de la formation de la DMA par le processus UV/O$_3$. Dans le premier mécanisme, la DMA est oxydé par l'ozone et les radicaux OH°. Dans le deuxième mécanisme, l'introduction de l'ozone a modifié les produits de dégradation de la NDMA de sorte que la réaction entre la NDMA et les radicaux OH° a généré un seul produit, la MA, ce qui diminue la formation de la DMA.

I.7.2.3.2. Les halonitrométhanes (HNM)

Merlet *et al.* (1985) ont démontré que le nitrométhane est un précurseur majeur de la chloropicrine lors de la chloration (45 % de rendement molaire). La préozonation de la diméthylamine pourrait conduire à la formation de nitrométhane, et la chloration ultérieure forme la chloropicrine (CCl$_3$NO$_2$). La préozonation des eaux a été utilisée pour démontrer l'augmentation de chloropicrine de 160 à 380 % par rapport à la chloration seule (Hoigné et Bader, 1988 ; Hu *et al.*, 2010).

Merlet *et al.* (1985) ont trouvé que la formation de TCNM (trichloronitrométhane) à partir de nitrométhane augmente avec le pH. De même, il a été signalé que la formation de TCNM à partir d'amines primaires augmente avec l'augmentation du pH au cours de la chloration et la chloramination (Joo et Mitch, 2007). Hu *et al.* (2010) ont également observé des augmentations dans la formation de HNM avec le pH lors de l'ozonation suivie par une chloration pour des eaux naturelles.

La plupart des études sur la formation du HNM ont porté sur des échantillons d'eau potable (Hoigné et Bader, 1988; Hu *et al.*, 2010a ; Hu *et al.*, 2010b), des fractions de MON (Hu *et al.*, 2010b), mais seules quelques études ont porté sur la formation potentielle de HNM de composés modèles (Merlet *et al.*, 1985 ; Thibaud *et al.*, 1987 ; Shan *et al.*, 2012). Les composés étudiés étaient des structures phénoliques (nitrophénols), des acides aminés (glycine, par exemple), mais aucune étude n'a signalé la formation de la chloropicrine pendant l'ozonation/chloration de la DMA.

CHAPITRE II :
MATERIELS ET METHODES

CHAPITRE II :
MATERIELS ET METHODES
Introduction

Toutes les verreries utilisées lors des expériences sont passées au four à 500 °C pendant 6 h ou rincées à l'eau ultrapure avant utilisation. Toutes les solutions ont été préparées à partir de réactifs de qualité analytique et d'eau purifiée, de résistivité 18,2 m·Ω dont la teneur en carbone organique total est inférieure ou égale à 0,1 mg.L^{-1}, produite par un système Millipore Synergy 185 muni d'une cartouche Sim Pack 1. La température des solutions était comprise entre 18 et 20 °C.

II.1. Réactifs et solutions

II.1.1. Choix des composés organiques modèles

Ces travaux ont porté sur l'étude de quatre molécules identifiées dans les différents compartiments aquatiques (cf chapitre bibliographie) : l'acide cyanurique (CYA), la mélamine (MEL), la méthylamine (MA) et la diméthylamine (DMA). Les concentrations utilisées étaient de l'ordre de 4-5 mg.L^{-1}.

Le tableau II.1 indique les principales caractéristiques physico-chimiques des composés organiques modèles étudiés.

Tableau II.1. Caractéristiques physico-chimiques des composés organiques étudiés.

Nom chimique	Structure chimique	Masse molaire (g.mol⁻¹)	pK_a
Acide cyanurique		129,07	6,9
Mélamine		126,12	5
Méthylamine		31,06	10,63
Diméthylamine		45,08	10,73

II.1.2. Réactifs

Tous les produits chimiques sont de pureté supérieure à 98 % et sont commercialisés par Sigma Aldrich, Carlo Erba ou Fluka-Riedel-de Haën. Ils ont été utilisés directement, sans purification préalable.

L'acide cyanurique a une faible solubilité dans l'eau (2 g.L⁻¹). Dans ce cas, une masse de composé (2,634 g - 10 mM) est introduite dans 2 litres d'eau purifiée, et agitée pendant un certain temps (entre 1 et 2 jours). Ces solutions ont été utilisées pour les expériences dans différentes conditions. La solution de prélèvement est filtrée (filtre whatman 0,45 µm) avant analyse.

En ce qui concerne les autres composés solubles dans l'eau, les concentrations sont définies en mettant en solution les masses ou les volumes correspondants. Les gammes étalons employées pour la quantification des composées étudiés (acide cyanurique, mélamine, méthylamine et diméthylamine) ont été effectuées par dilution des solutions mères.

II.1.3. Catalyseur utilisé

Afin d'augmenter les capacités de traitement du procédé d'ozonation, on utilise un catalyseur en poudre maintenu en suspension dans le réacteur. Le rôle du catalyseur est ici d'augmenter le contact entre le polluant et l'ozone, il améliore ainsi la vitesse et la sélectivité des réactions chimiques. Le catalyseur utilisé lors de cette étude a été préparé par nos soins sur la base du brevet CNRS.

Le procédé d'imprégnation a été utilisé pour déposer le métal sur le support. Le protocole de préparation consiste à mélanger le précurseur métallique (sel de ruthénium) avec le support (dioxyde de cérium) non calciné qui se présente sous forme d'une poudre (10 - 100 μm).

Une agitation lente du support (60 tr.min^{-1}) dans une solution de Ru^{3+} est effectuée à température ambiante. Suivie d'une évaporation à sec en contact avec l'air. Enfin, le catalyseur est réduit sous un flux d'hydrogène pendant 3 heures. Dans ces conditions la réduction du métal est complète (Delanoe *et al.*, 2001).

II.2. Protocoles expérimentaux

II.2.1. Pilote de laboratoire

La figure II.1 présente le montage que nous avons utilisé.
Il est constitué de :

- Un générateur d´ozone (Trailigaz Labo OZC 1002, voir tableau II.2 pour les caractéristiques de l'ozoneur)

- Une bouteille d´oxygène

- Une colonne (réacteur) de 49 cm de longueur et 6,5 cm de diamètre, en verre borosilicaté d'une contenance de 1500 mL alimentée en mode semi-continu

- Un agitateur magnétique

- Une pompe péristaltique

- Deux débimètre, l'ozone gazeux ajustable en entrée, introduit en continu dans le réacteur (mesuré par un débimètre et par la méthode iodométrique, en g O$_3$.h^{-1}) et l'ozone gazeux mesurable en sortie (mesuré par un débimètre et par la méthode iodométrique, en g O$_3$.h^{-1}) ;

- Un destructeur catalytique d'ozone

63

Les tubes et les vannes de connections sont en polypropylène (PP) (pour l'eau) et en polytétrafluoréthylène (PTFE) pour le flux d'ozone (matériau résistant à l'ozone).

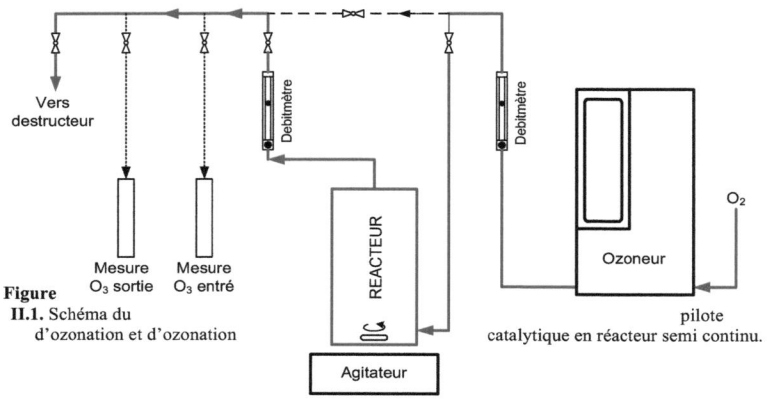

Figure II.1. Schéma du d'ozonation et d'ozonation pilote catalytique en réacteur semi continu.

Tableau II.2. Caractéristiques nominales de l'ozoneur Trailigaz-OZC 1002.

Type	OZC 1002						
Concentration d'ozone	14	12	10	8	6	4	**% en poids**
Production nominale*	63,6	100,8	135,5	167,3	184,1	193,3	**g O_3.h^{-1}**
Puissance consommée	1160	1570	1570	1570	1570	1570	**w.h^{-1}**
Consommation de réfrigérant			0,21				**m^3.h^{-1}**
Consommation électrique			2,1				**KVA***

* Avec une température d'arrivée de réfrigérant de 15 °C et un débit maxi de 0,21 m^3.h^{-1}
* 1 KVA = 0,8 KW

Les expériences ont été réalisées en mode semi-continu dans un réacteur parfaitement agité. L'ozone, produit par l'ozoneur à partir d'oxygène, a été introduit à la base du réacteur d'oxydation semi-continu à travers une crépine inoxydable (pores de 90 à 150 µm) au centre du réacteur. L'agitation magnétique (700 trs.min^{-1}) et la pompe péristaltique (800 trs.min^{-1}) ont permis d'assurer la diffusion de l'ozone dans la solution à oxyder. Le débit d'ozone utilisé est compris entre 100 et 400 mL.min^{-1}.

Dans les conditions de l'étude, les valeurs appliquées ont été :

O₃ introduit (mg $O_3.h^{-1}$)	2700
Volume de solution (L)	1,5
Masse de catalyseur (g.L^{-1})	0,8
Débit de recirculation (L.h^{-1})	90

Le protocole expérimental employé pour ces expériences a été mené de la façon suivante : à t= 0 min, l'ozone gaz a été introduit dans le milieu réactionnel contenant 1500 mL de la solution de composé en présence ou en absence de catalyseur, dont le pH a été fixé si nécessaire par ajout d'acide (H_2SO_4 à 4,5 M) ou de base (NaOH à 1 M). Puis des prélèvements de 1,5 mL ont été régulièrement effectués et transférés toutes les 30 s ou 1 min dans des piluliers de 1,5 mL après filtration (filtres de 0,45 μm) et analysés par HPLC.

Le pH de la solution n'a pas été modifié (pH ~ 5,9) ou ajusté à la valeur de pH initial égal à 10 ou 2,5 avec NaOH ou HCl, respectivement.

Pour chaque manipulation, dans ces conditions et sans tampon, une variation de pH a été observée en cours de réaction.

L'acide cyanurique a été étudié à température ambiante (25 °C) ou modifié à la valeur de la température initiale égale à 40 °C ou à 4 °C par chauffage ou refroidissement de la solution respectivement.

II.3. Méthodes analytiques

II.3.1. Dosage de l'ozone

II.3.1.1. Dosage de l'ozone en phase aqueuse

La mesure de l'ozone dissous a été réalisée selon la méthode spectrophotométrique au carmin indigo trisulfonate (Bader et Hoigne, 1982). La molécule de carmin indigo trisulfonate contient une unique double liaison C=C. En milieu acide, une molécule d'ozone réagit sélectivement et rapidement avec une molécule de carmin indigo (Figure II.2).

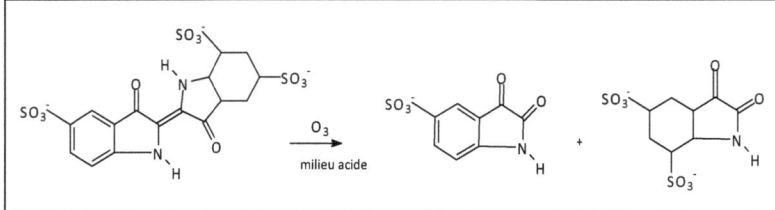

Figure II.2. Réaction du carmin indigo avec l'ozone en milieu acide.

Le carmin indigo possède un fort coefficient d'absorption molaire à 600 nm (20 000 L.mol^{-1}.cm^{-1}) et ses dérivés de scission absorbent peu à cette longueur d'onde. Sa réaction avec l'ozone se traduit par un abattement d'absorbance de 0,42 par mg.L^{-1} d'ozone et par cm (Bader et Hoigne, 1982).

Suivant la concentration en ozone dissous attendue, différents volumes de réactifs et d'échantillons ont pu être utilisés. Cependant, quels que soient les volumes utilisés, un même protocole a été employé :

- un volume V_c d'une solution de carmin indigo trisulfonate à 10^{-4} mol.L^{-1} (obtenue par dilution de 100 mL d'une solution mère de concentration 10^{-3} M dans un tampon phosphate composé de 11,5 g.L^{-1} de NaH$_2$PO$_4$H$_2$O et de 7 mL.L^{-1} de H$_3$PO$_4$) a tout d'abord été introduit dans une fiole jaugée de volume V_T ;

- un volume V_e d'échantillon à doser a ensuite été ajouté ;

- enfin, après un temps de contact de 10 minutes dans l'obscurité, l'absorbance de la solution à 600 nm a été mesurée en cuve en quartz de 1 cm à l'aide d'un spectrophotomètre UV – visible 320 SAFAS.

Ainsi, à partir de la différence d'absorbance $\Delta_{absorbance}$ entre la solution obtenue et un blanc de réactif préparé en remplaçant l'échantillon à doser par de l'eau MilliQ, la concentration en ozone dissous de l'échantillon a été déterminée à partir de la relation suivante :

$$Q\,[O_3]\ (\text{en mg.L}^{-1}) = \frac{V_T\ \Delta_{absorbance}}{0,42\ V_e}$$

Dans ces conditions, la limite de détection de la méthode a été de 2.10^{-7} M.

II.3.1.2. Dosage de l'ozone en phase gazeuse

L'ozone gazeux a été mesuré par iodométrie, selon la méthode préconisée par l'IOA standardisation commitee (1987).
Cette méthode consiste:

- à faire barboter pendant un temps t donné, le mélange oxygène / ozone dans une solution d'iodure de potassium à 20 g.L^{-1}(excès d'ions iodure) tamponnée à pH neutre par un tampon phosphate (7,3 g.L^{-1} Na$_2$HPO$_4$.2H$_2$O et 3,5 g.L^{-1} KH$_2$PO$_4$). L'ozone, ainsi transféré en phase aqueuse, oxyde les ions iodure en ions iodate et en iode.

$$O_3 + H_2O + 2\ I^- \rightarrow I_2 + O_2 + 2\ OH^-$$
$$3\ O_3 + I^- \rightarrow IO_3^- + 3\ O_2$$

- à réduire les ions iodate en iode par ajout de 5 mL de H$_2$SO$_4$ (4,5 M)

$$IO_3^- + 5\ I^- + 6\ H^+ \rightarrow 3\ I_2 + 3\ H_2O$$

- puis, à doser l'iode formé par une solution de thiosulfate de sodium à 0,1 N en présence de thiodène.

$$2\ S_2O_3^{2-} + I_2 \leftrightarrow 2\ I^- + S_4O_6^{2-}$$

Ainsi, le débit d'ozone gaz est calculé à partir de l'équation suivante :

$$Q\ [O_3]\ (\text{en mg.min}^{-1}) = \frac{24[S_2O_3^{-2}]V_{[S_2O_3^{-2}]}}{t}$$

avec   t : Le temps de barbotage (min)

[S$_2$O$_3$$^{2-}$] : La concentration de la solution de thiosulfate de sodium utilisée (mg.L^{-1})

$V_{[S_2O_3^{-2}]}$: Le volume de thiosulfate de sodium versé (L)

II.3.2. Analyses chromatographiques (CLHP) des composés modèles

La chromatographie liquide haute performance (CLHP) est une technique qui permet la séparation ou la purification d'un ou de plusieurs composés d'un mélange en vue de leur identification et de leur quantification.

Les composés modèles et leurs sous-produits d'oxydation ont été dosés par CLHP à l'aide d'un dispositif analytique comprenant :

- un passeur automatique d'échantillons (Waters 2695) permettant l'injection de volumes d'échantillons compris entre 10 et 200 μL

- une pompe CLHP (Waters 600E)

- un détecteur UV à barrette de diodes (Waters 2998 PDA-Photodiode Array Detector)

- un ordinateur équipé du logiciel MILLENNIUM[32]

Selon les composés à analyser, différents paramètres pour la séparation (phase mobile, phase stationnaire) et la détection (longueur d'onde) ont été utilisés (Tableau II.3).

Tableau II.3. Paramètres de détection de l'acide cyanurique (CYA) et de la mélamine (MEL).

Composé	CYA	MEL
Colonne	Aminex HPX-87H Ion Exclusion Column (300 mm × 7,8 mm)	Kromasil C18 (150 mm × 3,2 mm ; dp = 5 μm)
Éluant	H_2SO_4 (5mM) + 2% acetonitrile D= 0,4 mL.min^{-1}	TFA (0,1 %) pH 2 D= 0,3 mL.min^{-1}
Détection	$\lambda = 210$ nm $t_R = 12$ min	$\lambda = 240$ nm $t_R = 9$ min

dp : diamètre de particules ; t_R : temps de rétention

II.3.3. Ions nitrite, nitrate, ammonium et méthylamines

Pour analyser les cations et les amines (MA et DMA), un système de chromatographie ionique Dionex DX-120 a été utilisé. La colonne de séparation est une colonne Dionex IonPac-CS17 (250 mm × 4 mm). Le débit de l'éluant (6 mM HMSA ; acide méthane sulfonique) est de 0,75 mL.min^{-1} pour toutes les expériences. Les temps de rétention de la méthylamine, de la diméthylamine et des ions ammonium sont de 5,2 ; 5,8 et 6,4 min respectivement.

Pour l'analyse des anions, un système chromatographique Dionex ICS-3000, ainsi qu'une colonne AS19 IonPac (19 mm × 4 mm) ont été utilisés. La phase mobile est une solution de NaOH à 100 mM. Le débit appliqué est de 1 mL.min^{-1}. Les temps de rétention des ions nitrate et des ions nitrite sont de 14 et 16 min respectivement.

Ces systèmes de chromatographie ionique ont été pilotés à l'aide du logiciel Chromeleon (Dionex).

II.3.4. Identification des sous-produits d'oxydation

L'identification des sous-produits d'ozonation a été réalisée à partir d'analyses effectuées en spectrométrie de masse. Ces analyses ont été réalisées :

- soit par CLHP couplée à un détecteur UV-visible et un détecteur de spectrométrie de masse, dans le cas de l'acide cyanurique et de la mélamine,

- soit par chromatographie gazeuse couplée à un spectromètre de masse (CG/SM) après extraction, dans le cas de la diméthylamine.

II.3.4.1. Analyses par chromatographie liquide couplée à la spectrométrie de masse (CL/UV/SM)

Certains sous-produits d'oxydation de l'acide cyanurique et de la mélamine ont été identifiés par CL/UV/SM et par CL/UV/SM/SM (spectrométrie de masse en tandem) sur une chaîne chromatographique Thermo Finnigan (HPLC Surveyor) équipée d'une pompe quaternaire basse pression, d'un passeur automatique d'échantillons et d'un détecteur UV-visible à barrette de diodes. Elle est couplée à un spectromètre de masse LCQ Deca XP max équipé d'un détecteur de masse à piégeage ionique avec deux sources d'ionisation électrospray (ESI) ou ionisation chimique à pression atmosphérique (APCI) en mode négatif ou positif.

Tous les composés ont été analysés à l'aide d'une colonne Kromasil (5 μm, 100 Å, C18 (250 mm × 4,60 mm)). La phase mobile utilisée était composée de 95% d'acétate d'ammonium (1 mM) et 5 % de méthanol, a un débit de 0,3 mL.min^{-1}.

Tableau II.4. Conditions d'ionisation et de fragmentation de la source employée pour les analyses en SM et SM/SM.

Conditions d'ionisation de la source (analyse SM)		
	CYA	MEL
Température du capillaire de transfert des ions	350°C	350°C
Débit du gaz de nébulisation (N_2)	95 ua*	71 ua*
Conditions de fragmentation de la source (analyse SM/SM)		
Energie de collision normalisée	31%	33%
Q d'activation	0,25	0,25
Temps d'activation	30 ms	30 ms

* unité arbitraire pour laquelle 100 correspond à 18 L.min^{-1}

Dans ces conditions, la majorité des spectres enregistrés en mode ESI positif donne accès aux ions pseudo moléculaires relatifs à $[M+H]^+$ et/ou $[M+Na]^+$ qui permettent de déterminer la masse du composé. En mode ESI négatif, l'ion $[M-H]^-$ est le plus souvent formé. En mode positif, différents autres adduits peuvent également être observés, tels que l'ion $[M+K]^+$ ou $[M+solvant]^+$.

II.3.4.2. Analyses par chromatographie gazeuse couplée à la spectrométrie de masse (CG/SM)

Dans le cas de l'étude de l'ozonation et de l'ozonation catalytique de la DMA, la N-Nitrosodiméthylamine (NDMA) a été recherchée par couplage CG/SM en mode ionisation par impact électronique (EI). L'analyse des nitrosamines par CG/SM nécessite une extraction sur phase solide au préalable. Selon les concentrations présentes dans les échantillons, on fera varier le volume d'échantillon à extraire sur les cartouches de SPE. Afin d'atteindre la limite de détection de la méthode (~ 10 ng.L^{-1}), on utilisera un litre d'échantillon. Cette méthode d'analyse des N-nitrosamines est basée sur la méthode US.EPA modifiée (U.S.Environmental Protection Agency, 2004).

II.3.4.2.1. Méthode d'extraction employée

Cette technique est réalisée selon les étapes suivantes :

a) _Préparation de l'échantillon_

Introduire 250 μL d'étalon interne de NDMA-d6 (solution à 1,6 mg.L^{-1} dans le méthanol) pour une concentration finale de 400 ng.L^{-1} dans 1 L d'échantillon.

b) _Extraction sur phase solide_

Positionner les cartouches de charbon (OASIS HLB 3cc Cartridge) sur le système d'extraction sous vide Manifold avec une pompe ATLANTIC (p_{max} = 4 bars). Adapter les tuyaux d'extraction sur les cartouches. Faire passer environ 15 mL de dichlorométhane sur les cartouches (rinçage, élution d'impuretés ou de NDMA restantes de précédentes extractions). Sécher les cartouches pendant une dizaine de minutes.

Passer successivement sur les cartouches à un débit de 5 mL.min^{-1} (Figure II.3) :

- environ 15 mL de méthanol
- environ 15 mL d'EUP
- 1 L d'échantillon

c) _Elution_

Placer les tubes sur le support à l'intérieur du système d'extraction et éluer avec 15 mL de dichlorométhane à un débit de 1 mL.min^{-1}.

d) _Séchage sur Na$_2$SO$_4$_

Il est fréquent que l'échantillon élué contienne encore des traces d'eau. Préparer des cartouches en verre remplies de sulfate de sodium anhydre.

Préparer de nouveaux tubes headspace secs, les placer dans le système d'extraction sur le support approprié.

Filtrer les échantillons précédemment obtenus sur les cartouches en verre remplies de Na_2SO_4 en évitant l'assèchement (pour éviter la solidification du Na_2SO_4). Verser un peu de dichlorométhane dans la cartouche pour rincer et récupérer l'échantillon dans le tube headspace.

e) _Concentration sous N$_2$_

Mettre les tubes headspace à évaporer sous courant d'azote. Quand le volume restant est de quelques mL, transvaser dans des vials coniques de 5 mL et continuer l'évaporation jusqu'à un volume final de 1 mL. En cas de dépassement, compléter à 1 mL avec du dichlorométhane à l'aide d'une pipette pasteur.

f) Obtention de l'échantillon à analyser

Ajouter 40 µL de l'étalon de recouvrement DPNA-d14 (solution mère à 10 mg.L^{-1} dans du dichlorométhane), pour une concentration de 400 µg.L^{-1} dans 1 mL.

Récupérer l'échantillon et le transvaser dans un vial de chromatographie à l'aide d'une pipette pasteur.

La concentration en NDMA-d6 dans l'échantillon est alors de 400 µg.L^{-1} (facteur de concentration de 1000 pour 1L d'échantillon initial) multipliée par le rendement d'extraction. L'ajout de l'étalon de recouvrement DPNA-d14 permet le calcul du rendement d'extraction.

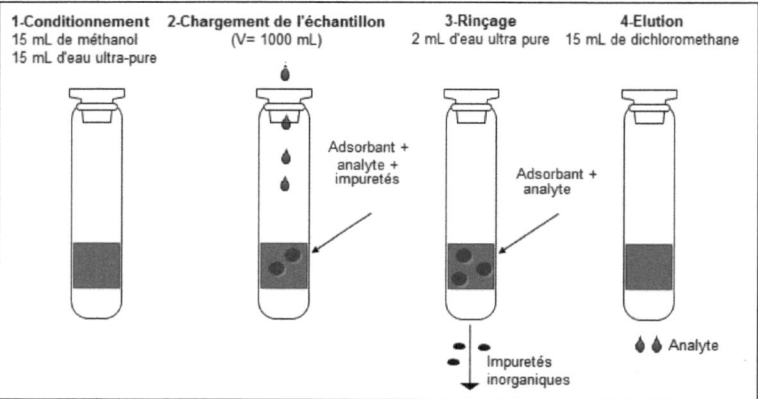

Figure II.3. Protocole d'extraction liquide-solide sur cartouche au charbon.

Pour chaque séquence d'analyse, 5 solutions étalons (Tableau II.5) ont été préparées permettant de calculer les facteurs de réponse relatifs (FRR) entre chaque nitrosamine et l'étalon interne NDMA-d6. Les FRRs sont ensuite utilisés pour calculer les teneurs en nitrosamines dans les échantillons inconnus, connaissant la concentration en étalon interne (NDMA-d6) introduit avant l'extraction.

Tableau II.5. Concentrations en nitrosamines dans les solutions étalons.

	Nitrosamines (mg.L^{-1})	NDMA-d6 (µg.L^{-1})	DPNA-d14 (µg.L^{-1})
FRR1	0,160	400	400
FRR2	0,400	400	400
FRR3	0,800	400	400
FRR4	1,600	400	400
FRR5	3,200	400	400

II.3.4.2.2. Analyse par CG/SM

Une fois l'extraction effectuée, les extraits sont analysés par couplage CG/SM à l'aide d'un appareil chromatographique Hewlett-Packard HP 6890 couplé à un spectromètre de masse Hewlett-Packard HP 5973 MSD équipé d'une colonne capillaire Varian VF-5MS (30 m × 0,25 mm ; épaisseur 25 µm). L'injecteur est en mode pulsed splitless et le gaz vecteur utilisé est l'hélium à un débit de 1 mL.min^{-1}. La détection par spectrométrie de masse est précédée d'une ionisation par impact électronique (IE) à 70 eV. Les conditions analytiques utilisées sont indiquées dans le tableau II.6. L'acquisition des chromatogrammes a été effectuée en mode SIM (Selected Ion Monitoring) pour la quantification de la NDMA. Les ions utilisés pour l'acquisition sont décrits dans le tableau II.7. Chaque échantillon a également été analysé en mode scan total (de 15 à 240 m/z) pour des informations qualitatives supplémentaires.

Tableau II.6. Conditions analytiques employées pour l'analyse CG/SM des sous-produits d'ozonation de la méthylamine et de la diméthylamine.

Diméthylamine et Méthylamine	
Injecteur	230 °C
Temps d'analyse total	24,5 min
Température initiale	40 °C pendant 3 min
Programmation du four	40 °C pendant 3 min
	rampe de 4 °C.min^{-1} jusqu'à 110 °C
	rampe de 15 °C.min^{-1} jusqu'à 170 °C
Température de l'interface CG/MSD	280 °C
Températures de la source et du quadripôle	230 °C et 150 °C
Gaz ; débit	Hélium ; 1 mL.min^{-1}
Volume d'injection	1 µL

Tableau II.7. *N*-Nitrosamines analysées par CG/SM.

Composé	Masse moléculaire (g/mol)	Temps de rétention (min)	Ions sélectionnés (m/z)
NDMA-d6	80,086	4,16	80
NDMA	74,048	4,20	74
DPNA-d14	144,198	15,40	78 ; 144

II.4. Autres méthodes d'analyse

II.4.1. Analyse du Carbone Organique Total

Le carbone organique total (COT) a été mesuré à l'aide d'un analyseur SHIMADZU TOC-V_{CSH} disposant d'un module TNM-1 et d'un passeur automatique ASI-V. La mesure est basée sur le principe d'une oxydation catalytique de l'échantillon à haute température suivie d'une détection par spectrométrie infrarouge du CO_2 formé. L'analyse se fait sans filtration de l'échantillon. Chaque échantillon est analysé au moins trois fois (80 µL, 720 °C). Une teneur moyenne en carbone est ainsi obtenue avec une erreur de ± 0,1 mg C.L^{-1}. Les teneurs sont contrôlées à l'aide d'étalons secondaires (sel d'acide phtalique de potassium 0 à 20 mg C.L^{-1}). Lorsque le COT diminue au cours du traitement, cela signifie que les composés organiques de la solution sont convertis en dioxyde de carbone, sans indication supplémentaire quant à la nature de ces composés en solution.

II.4.2. Spectroscopie d'absorption UV-visible

Les spectres d'absorption UV-visible sont enregistrés à l'aide d'un spectrophotomètre à simple faisceau Varian Cary 50. Des cuves en quartz de trajet optique variant de 0,5 à 5 cm ont été utilisées. La précision des mesures est de ± 0,005.

II.4.3. Détermination de la toxicité par Lumistox

La toxicité des sous-produits d'ozonation en présence de catalyseur a été mesurée par luminescence des bactéries lyophilisées *Vibrio fisheri* (Lumistox 300). Ces mesures de luminescence ont été réalisées selon les normes française et européenne (NF EN ISO 11348-3 AFNOR, 1999). Pour chaque échantillon, la concentration en sel est ajustée à 2% en ajoutant du NaCl solide dans les échantillons immédiatement après ozonation afin de garantir des conditions optimales pour les bactéries. La luminescence a été mesurée avant addition de l'échantillon et après 30 min d'incubation à 15 °C sur le luminomètre. Les concentrations choisies en acide cyanurique et mélamine sont respectivement de 5 et 25 mM. La toxicité a été exprimée par le pourcentage d'inhibition et elle correspond à la moitié de notre concentration initiale.

La concentration efficace médiane, résultant de 50 % d'inhibition a été déterminée en utilisant des parcelles Ln dose/Ln gamma. La toxicité a été suivie au cours de l'oxydation et a été exprimée par le pourcentage d'inhibition. La toxicité a été suivie au cours de l'ozonation catalytique de l'acide cyanurique et de la mélamine en utilisant un protocole similaire avec ou sans dilution de l'échantillon (1/10). Afin d'éviter toute interférence des ions nitrate, un échantillon de contrôle contenant des nitrate et du NaCl (2 %) a été préparé. Pour cet échantillon, aucune toxicité n'a été observée contre *V.fisheri* dans nos conditions expérimentales.

Le pourcentage d'inhibition de la luminescence des bactéries est calculé à partir de la relation suivante:

$$Inhibition(\%) = \frac{I_{ct} - I_t}{I_{ct}} \times 100$$

Où I_{ct} représente la luminescence initiale des bactéries (sans échantillon),

I_t représente la luminescence des bactéries après un temps t d'incubation dans le système après exposition aux échantillons.

La Figure II.4 présente un exemple de test d'inhibition de dix quinolones (Backhaus *et al.*, 2000).

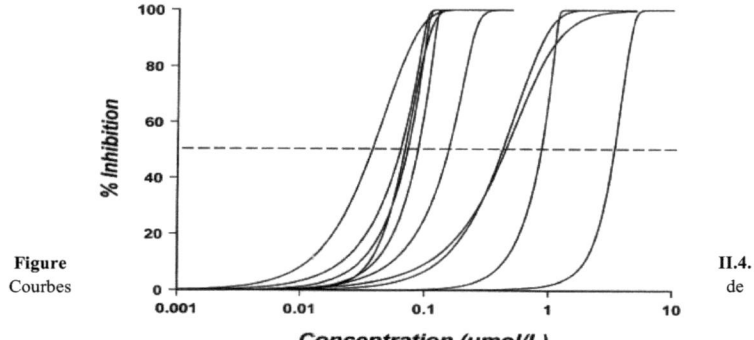

Courbes
de

concentration-réponse de dix quinolones sélectionnées pour le test d'inhibition de la bioluminescence à long terme avec *V.fischeri* (Backhaus *et al.*, 2000).

Chapitre III : Resultats
Oxydation de l'Acide Cyanurique en Solution Aqueuse par Ozonation Catalytique

CHAPITRE III : RESULTATS
OXYDATION DE L'ACIDE CYANURIQUE EN SOLUTION AQUEUSE PAR OZONATION CATALYTIQUE

Introduction

Dans ce premier chapitre de résultats, nous développerons l'étude de la dégradation de la molécule modèle, l'acide cyanurique. Comme cela a été décrit dans le chapitre bibliographique, ce composé est récalcitrant aux nombreux oxydants. Nous nous attacherons à déterminer les paramètres cinétiques des réactions d'oxydation par ozonation catalytique et ensuite à décrire l'influence de plusieurs facteurs physico-chimiques sur cette dégradation. Le but du présent travail étant d'étudier la faisabilité de la dégradation de l'acide cyanurique par ozonation et ozonation catalytique afin de:

- Examiner l'impact de la présence du catalyseur sur l'élimination de ce composé;
- Mieux comprendre les mécanismes impliqués dans le procédé d'ozonation catalytique.

Toutes les expériences ont été réalisées dans un réacteur semi-continu, en utilisant des concentrations initiales en acide cyanurique de 50 à 500 µM et un débit de production d'ozone d'environ 2700 mg $O_3.h^{-1}$. La quantification de la molécule initiale a été réalisée par CLHP, les sous-produits d'oxydation ont été identifiés par CL/SM. Des tests de toxicité (par *Vibrio fisheri*) ont également été réalisés.

III.1. Dégradation de CYA par ozonation catalytique

Pour une comparaison des procédés, l'ozonation catalytique et l'ozonation de l'acide cyanurique ont été réalisées à pH 5,9. Différentes concentrations initiales de CYA allant de 50 à 500 µM ont été sélectionnées dans le présent travail. D'après la Figure III.1, on constate qu'il n'y a pas d'effet de l'ozonation seule où l'élimination est inférieure à 13 % par contre l'effet est très important en présence de catalyseur. La concentration en acide cyanurique initiale a un effet remarquable sur l'efficacité de la dégradation de CYA, comme indiqué dans la Figure III.1.

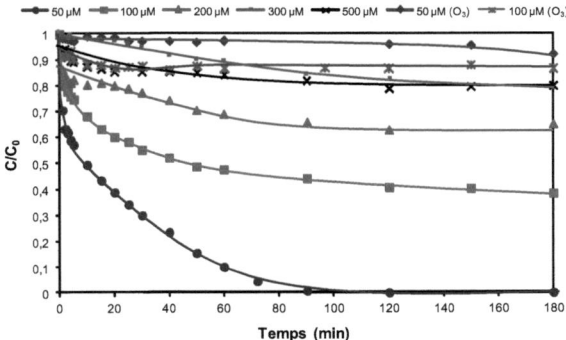

Figure III.1. Effet du catalyseur sur l'élimination de CYA par ozonation et effet de la concentration initiale sur la dégradation de CYA par ozonation catalytique.
([O_3]$_{entrée}$ = 2700 mg O_3.h^{-1} ; masse$_{cata}$ = 0,8 g.L^{-1} ; pH = 5,9 ; T = 25 °C ; [CYA]$_0$ = 50, 100, 200 et 500 µM)

Lorsque l'ozonation seule a été appliquée, la cinétique d'élimination de CYA est très lente, comme le montre la Figure III.1. Aucune réaction n'a eu lieu en absence de catalyseur. Un abattement maximal de 13 % de CYA est observé à une concentration de 100 µM après 180 minutes.

Tandis que pour l'ozonation en présence de catalyseur, le degré d'élimination de CYA atteint 60 % pour une concentration initiale de 100 µM après 180 minutes. En outre, une plus grande efficacité de dégradation a été obtenue pour une concentration inférieure de CYA en solution aqueuse à pH initial 5,9.

La vitesse de dégradation par l'ozonation catalytique peut être décrite par une cinétique de dégradation en deux étapes. Au cours de la première phase, la dégradation a été rapide (au bout de 10 minutes, environ 45 % d'acide cyanurique éliminé pour une concentration initiale de 100 µM), suivi d'une deuxième phase (entre 10 et 180 minutes) où le taux de dégradation est réduit et devient lent (environ 15 % d'acide cyanurique éliminé). Une telle évolution a déjà été observée par Bui dans le cas de l'acide pyruvique à pH initial acide et basique (thèse Bui, 2009).

Des expériences complémentaires en absence d'ozone ont montré une absence d'évolution de la concentration en CYA indiquant que la dégradation de CYA serait due uniquement à l'oxydation et non pas à l'adsorption.

Au regard des données bibliographiques, l'acide cyanurique est réfractaire aux radicaux OH°, le mécanisme de l'ozonation catalytique de CYA impliquerait des espèces actives autres que ces radicaux et l'ozone.

III.1.1. Evolution du carbone organique total

Le carbone organique total (COT) a été mesuré au cours de l'ozonation catalytique de CYA afin d'évaluer la capacité de minéralisation du procédé (Figure III.2). La Figure présente les valeurs de COT mesurées en fonction du temps pour l'ozonation et l'ozonation catalytique et les valeurs de COT calculées par rapport à l'acide cyanurique restant par ozonation catalytique (CYA O_3/cata).

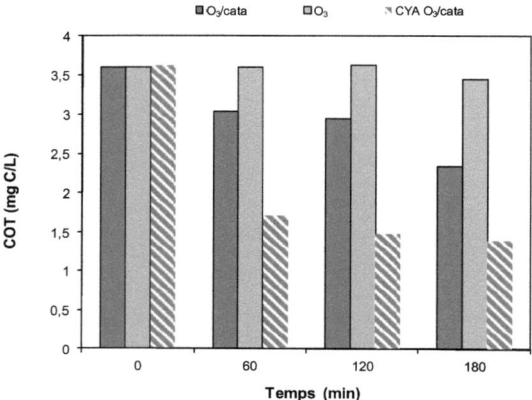

Figure III.2. Evolution du COT en fonction du temps pour l'ozonation et l'ozonation catalytique.
($[O_3]_{entrée}$ = 2700 mg O_3.h^{-1} ; $masse_{cata}$ = 0,8 g.L^{-1} ; pH = 5,9 ; T = 25 °C ; $[CYA]_0$ = 100 µM)

Les résultats obtenus dans la Figure III.2 montrent que parallèlement à la dégradation d'acide cyanurique, la présence de catalyseur conduit à une minéralisation du COT.
Pour l'ozonation en présence de catalyseur et au bout de 180 minutes, il reste 2,34 mg C.L^{-1}, cela correspond donc à une minéralisation de 32 %.
Le catalyseur a montré une forte activité et implique une minéralisation beaucoup plus élevée que dans le cas de l'ozonation seule.

La Figure III.2 montre aussi que la valeur du carbone organique correspondant à l'acide cyanurique restant n'est pas en accord à la valeur du COT résiduel mesuré, ce qui témoigne de la présence de sous-produits. Néanmoins l'écart diminue pour les temps d'ozonation élevés indiquant que ces produits de réactions sont éliminés par le système d'oxydation.

III.1.2. Consommation de l'ozone

L'ozone dissous a été mesuré au cours des réactions d'ozonation et d'ozonation catalytique. A partir des mesures d'ozone en sortie de réacteur, il a été possible de déterminer aussi l'ozone consommé pour chaque temps d'ozonation des échantillons prélevés selon la relation suivante:

$$O_3 consommé_t \ (mg) = \sum_{i=0}^{t} \left[(O_3 entrée_i - O_3 sortie_i) \times t \right] - O_3 dissous_t \times V$$

$$O_3 consommé_t \ (mg/L) = \frac{\sum_{i=0}^{t} \left[(O_3 entrée_i - O_3 sortie_i) \times t \right]}{V} - O_3 dissous_t$$

D'où V : volume de la solution dans le réacteur (L).

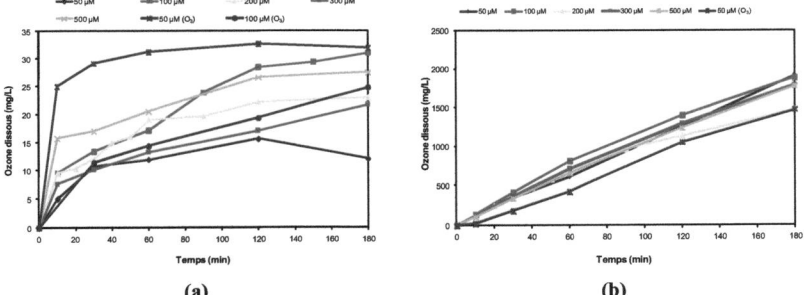

(a)   (b)

Figure III.3. Evolution de l'ozone dissous **(a)** et de l'ozone consommé **(b)** en fonction du temps pour les différentes concentrations en acide cyanurique.
($[O_3]_{entrée}$ = 2700 mg $O_3.h^{-1}$; masse$_{cata}$ = 0,8 g.L^{-1} ; pH = 5,9 ; T = 25 °C)

La Figure.III.3 indique une augmentation de la concentration en ozone dissous en début de réaction (0 - 10 minutes), suivi d'une évolution beaucoup plus lente. Cette évolution d'ozone dissous correspond aux deux phases de dégradation de l'acide cyanurique:

Dans la phase 1, il n'y a pas d'ozone dissous initialement dans le réacteur et l'ozone gazeux introduit est transféré dans le milieu réactionnel conduisant à une augmentation rapide de la concentration en ozone dissous;

Dans la phase 2, la concentration d'ozone dissous est stable dans le réacteur ($[O_3] \approx 0,6$ mM en ozonation et 0,3 mM en ozonation catalytique) pour une concentration initial en CYA de 50 µM.

81

Une faible diminution de la concentration a été observée dans le cas de l'ozonation catalytique après la disparition complète de l'acide cyanurique (50 µM). La concentration d'ozone dissous au cours de l'ozonation catalytique est toujours plus petite que pendant l'ozonation seule. Cette concentration plus faible en ozone et les rendements de réaction plus élevés signifient que l'amélioration de l'efficacité de la réaction en présence du catalyseur est certainement due à l'effet du catalyseur, et non pas à la différence de la concentration de l'ozone dans le système.

En présence du catalyseur, la consommation d'ozone est plus importante qu'en absence de catalyseur (Figure III.3.b).

L'ozone consommé est similaire lors de la dégradation de CYA pour les différentes concentrations initiales en CYA. Le taux de consommation de l'ozone augmente de façon linéaire avec le temps et est d'environ 0,2 mM.min^{-1}. Il semble que le taux d'ozone consommé ne dépend pas de la concentration initiale.

Le tableau III.1 présente la consommation de l'ozone par l'acide cyanurique éliminé lors de l'ozonation catalytique pour différentes concentrations en acide cyanurique.

Tableau III.1. Concentrations d'ozone consommé par acide cyanurique éliminé pour différents concentration d'acide cyanurique.

% d'élimination d'acide cyanurique	Consommation d'ozone (mM) / Acide cyanurique éliminé (mM) lors de l'ozonation catalytique				
	50 µM	100 µM	200 µM	300 µM	500 µM
10	-	-	-	617,2	19,6
20	-	27,3	126,1	647,3	238,4
30	7,3	86,4	228,7	-	-
50	21,4	273,1	-	-	-
70	111,4	-	-	-	-

D'après le tableau III.1, la consommation de l'ozone par l'acide cyanurique éliminé semble augmenter avec l'augmentation de la concentration initiale en acide cyanurique et avec l'augmentation du pourcentage d'élimination de l'acide cyanurique.

III.1.3. Principe de calcul des paramètres cinétiques

La méthode consiste à déterminer les paramètres cinétiques de réaction d'une entité active R (oxydant ou réducteur) sur un composé M selon la réaction globale :

$$M - R \xrightarrow{k_{app}} \text{sous-produits}$$

L'étude cinétique de l'ozonation catalytique a été réalisée pour chacune des deux phases. Dans la première phase (de 0 à 10 minutes) au cours de laquelle la concentration en ozone dissous augmente, l'élimination rapide de l'acide cyanurique a été simulée par une loi cinétique d'ordre zéro :

$$-\frac{d[CYA]}{dt} = k_0 = const$$

CYA (µM)	50	100	200	300	500
k_0 (s^{-1})	$5,8.10^{-8}$	$7,2.10^{-8}$	1.10^{-7}	6.10^{-9}	$1,7.10^{-7}$

D'où $[CYA] = -k_0 t + [CYA]_0$ est une équation de droite ayant une pente k_0.

Dans la deuxième phase, en supposant que la vitesse de décomposition de M réponde à une loi cinétique d'ordre α par rapport à M, la relation suivante peut alors être écrite :

$$v = -\frac{d[M]}{dt} = k[M]^{\alpha}[R]^{\beta}$$

Dans nos conditions expérimentales considérant la variation de la concentration en ozone est faible sur la période considérée et la masse de catalyseur étant constante, on supposera que [R] = constante.

$$d'où -\frac{d[M]}{dt} = k_1[M]^{\alpha}$$

Avec $k_1 = k.[R]^{\beta}$

k_1 : représente la constante de vitesse apparente.

α est l'ordre de la réaction. Ces valeurs peuvent être déterminées graphiquement.

Si l'ordre $\alpha = 1$

$$-\int \frac{d[M]}{[M]} = \int k_1 dt \implies -\ln\left(\frac{[M]}{[M]_0}\right) = k_1 t$$

Si l'ordre $\alpha \neq 1$

$$-\int_0^t \frac{d[M]}{[M]^{\alpha}} = \int_0^t k_1 dt \implies -\left[\frac{[M]^{1-\alpha}}{1-\alpha}\right]_0^t = k_1 t \implies -\frac{1}{1-\alpha}\left([M_t]^{1-\alpha} - [M_0]^{1-\alpha}\right) = k_1 t$$

On posera : $A = \dfrac{-1}{1-\alpha}\left([M_t]^{1-\alpha} - [M_0]^{1-\alpha}\right)$

Connaissant la concentration en M du milieu réactionnel, nous avons testé différentes valeurs de α pour trouver l'ordre de [M], et retenu la valeur pour laquelle l'évolution de A est linéaire en fonction du temps. La constante k_1 est déterminée graphiquement en considérant la pente de la droite obtenue.

Dans la deuxième phase, la détermination de la constante cinétique de réaction vis-à-vis de l'ozonation catalytique a été effectuée par la méthode, qui a été détaillée dans la partie précédente après un décalage de l'origine pour l'échelle des temps : $t_1 = t - 10$

La Figure III.4 représente l'évolution de CYA en fonction du temps dans la phase 2 avec les valeurs de α = 0,2 ; 0,48 et 0,9 pour les concentrations 200 à 500 μM, 50 μM er 100 μM respectivement. Ces valeurs ont conduit à une meilleure corrélation de la régression linéaire. Néanmoins ces valeurs sont très différentes pour les plus faibles concentrations (50 et 100 μM).

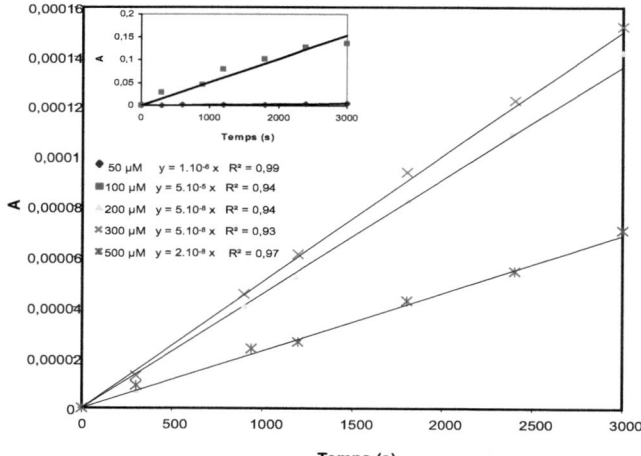

Figure III.4. Cinétique d'oxydation de l'acide cyanurique par ozonation catalytique dans la phase 2.
([O₃]ₑₙₜᵣée = 2700 mg O₃.h⁻¹ ; masse_cata = 0,8 g.L⁻¹ ; pH = 5,9 ; T = 25 °C)

84

À partir des pentes des droites de la Figure III.4, les constantes apparentes de l'acide cyanurique vis-à-vis de l'ozonation en présence du catalyseur ont été déterminées pour les concentrations de 200 à 500 µM avec α = 0,2.

$$-\frac{d[CYA]}{dt} = 4{,}53.10^{-7}[CYA]^{0,2} \text{ pour } 200\mu M \; ;$$

$$-\frac{d[CYA]}{dt} = 4{,}79.10^{-8}[CYA]^{0,2} \text{ pour } 300 \; \mu M \; ;$$

Et
$$-\frac{d[CYA]}{dt} = 2{,}28.10^{-8}[CYA]^{0,2} \text{ pour } 500\mu M.$$

III.2. Influence des conditions expérimentales

III.2.1. Effet de la température sur la dégradation de CYA

Une série d'expériences d'ozonation catalytique a été réalisée à des températures de 4, 25 et 40 °C. Les résultats présentés dans la Figure.III.5 montrent que l'augmentation de la température conduit à une mauvaise élimination de l'acide cyanurique par rapport à la température ambiante. Les courbes à 4 °C et 25 °C sont superposées.

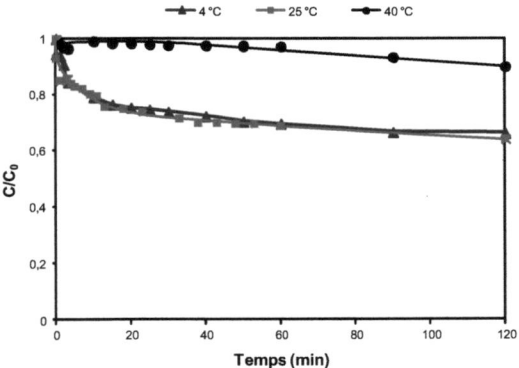

Figure III.5. Effet de température sur CYA par ozonation catalytique.
([O$_3$]$_{entrée}$ = 2700 mg O$_3$.h^{-1} ; masse$_{cata}$ = 0,8 g.L^{-1} ; pH = 5,9 ; T = 4 ; 25 et 40 °C ; [CYA]$_0$ = 200µM)

Comme la montre la Figure III.5, l'effet de la température a été positif pour 25 °C et 4 °C (à 120 min, une élimination de l'CYA (200 µM) de 37 % a été observée), mais une grande différence a été notée lorsque la température atteint à 40 °C.
Ces résultats peuvent être dus à l'effet de la solubilité de l'ozone. La solubilité de l'ozone diminue à des températures plus élevées et l'ozone y est également moins stable.

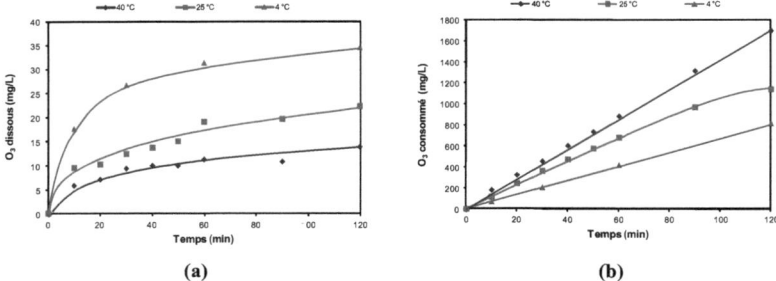

Figure III.6. Evolution de l'ozone dissous (a) et de l'ozone consommé (b) en fonctions du temps pour des différentes températures.

$([O_3]_{entrée} = 2700$ mgO$_3$.h^{-1} ; masse$_{cata} = 0,8$ g.L^{-1} ; pH $= 5,9$; T $= 4, 25$ et 40 °C ; [CYA]$_0 = 200$ µM)

Ainsi, l'ozone dissous dans l'eau ne peut pas être appliqué lorsque les températures sont supérieures à 40 °C, car à cette température, la demi-vie de l'ozone est très courte (document de Lenntech).

D'après la Figure III.6.a, l'ozone dissous peut être effectivement influencé par la température ([O$_3$] ≈ 0,29 mM ; 0,46 mM et 0,72 mM à des températures 40 ; 25 et 4 °C respectivement) Les résultats de la Figure III.6.b montrent que la consommation de l'ozone est plus importante à 40 °C qu'à 25 °C et 4 °C. Le taux de consommation de l'ozone augmente d'une façon linéaire avec le temps. Il semble que le taux d'ozone consommé dépend de la température.
Ainsi, une augmentation de la température devrait produire une augmentation de la vitesse de réaction chimique, mais aussi une diminution de la solubilité de l'ozone, tel que mentionné par Beltran *et al.*, 2002.

III.2.2. Effet du pH

Le pH a généralement un effet important sur l'élimination des polluants organiques par l'ozonation catalytique puisqu'il influence la décomposition de l'ozone, les propriétés de surface du catalyseur et la dissociation des polluants organiques en solution aqueuse (Lei *et al.*, 2007; Faria *et al.*, 2008 ; Karpel *et Fu.* 2005). L'ozonation et l'ozonation catalytique ont été appliquées dans un réacteur semi-continu pour une solution aqueuse d'acide cyanurique à différentes valeurs de pH (2,5 ; 5,9 et 8,2).

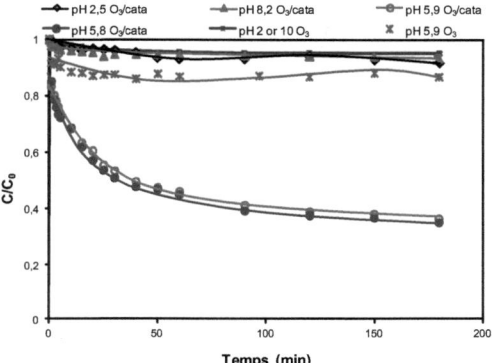

Figure III.7. L'effet de pH sur CYA par l'ozonation et l'ozonation catalytique.
([O_3]$_{entrée}$ = 2700 mg O_3.h^{-1} ; masse$_{cata}$ = 0,8 g.L^{-1} ; pH = 2-10 ; T = 25 °C ; [CYA]$_0$ = 100μM)

La Figure III.7 présente l'élimination de l'acide cyanurique dans les différentes conditions expérimentales par ozonation et par ozonation catalytique. Les résultats ont montré que l'élimination par ozonation seule était négligeable pour toutes les gammes de pH. L'efficacité de la dégradation de l'acide cyanurique n'est que de 10 % après 180 minutes d'ozonation seule à pH 5,9.

Les résultats ont montré aussi que la valeur initiale de pH a un effet remarquable sur l'élimination de l'acide cyanurique par ozonation catalytique uniquement (Figure III.7). Dans ces conditions expérimentales, la dégradation à pH libre est plus rapide qu'à pH acide ou basique, cela signifie que le catalyseur n'est pas actif dans les deux systèmes acides et basiques. Le pH libre (5,9) est le pH optimal pour la dégradation de l'acide cyanurique par ozonation catalytique.

Il est très bien connu que pour les valeurs de pH plus élevées que le point de charge nulle (pH$_{pzc}$) qui est 5,7 pour le catalyseur, la surface devient chargée négativement. C'est l'inverse pour un pH <pH$_{pzc}$. Ainsi avec l'augmentation des valeurs de pH, le nombre de sites positivement chargés est diminué, et les sites chargés négativement des groupes hydroxyle dissociés sont majoritaires.

Dans la gamme de pH de notre étude, l'acide cyanurique (pK$_{a1}$ = 6,88 ; pK$_{a2}$ = 11,40 ; pK$_{a3}$ = 13,5) se présente sous différentes formes. À pH= 5,9 ; valeur de pH proche du pH$_{pzc}$ du catalyseur (pH$_{pzc}$ = 5,7), la surface du catalyseur est chargée négativement et positivement (Figure III.8).

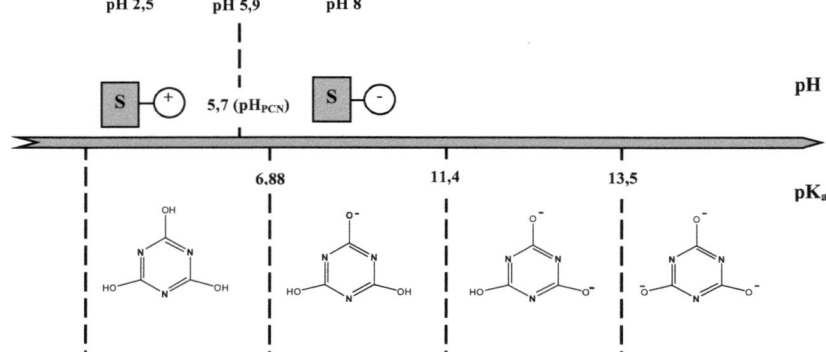

Figure III.8. Schéma de l'effet du pH sur la charge de surface du catalyseur et sur l'interaction avec l'acide cyanurique.

Comme indiqué sur cette Figure, à pH 2,5 l'adsorption n'est pas favorisée puisqu'il n'y pas d'attraction entre la surface du catalyseur qui est chargé positivement et l'acide cyanurique non chargé. À pH 8, une répulsion électronique est notée entre la surface du catalyseur et le composé qui sont chargés négativement. À pH libre (5,9), des charges négatives et positives coexistant à la surface du catalyseur et une partie des molécules d'acide cyanurique est présentée sous forme d'anions. Une interaction peut avoir lieu avec ces derniers sites, cela est bénéfique pour l'oxydation de l'azote.

Les résultats relatifs au suivi de la concentration en ozone (Figure III.9.a) montrent que, en présence de catalyseur, la concentration en ozone dissous augmente rapidement pendant 10 minutes puis plus lentement. La comparaison des courbes montre que la concentration en ozone dissous à pH basique ou libre est inférieure qu'à la concentration à pH acide et elle est en accord avec la décomposition de l'ozone par les ions hydroxydes (initiateurs de la décomposition de l'ozone).

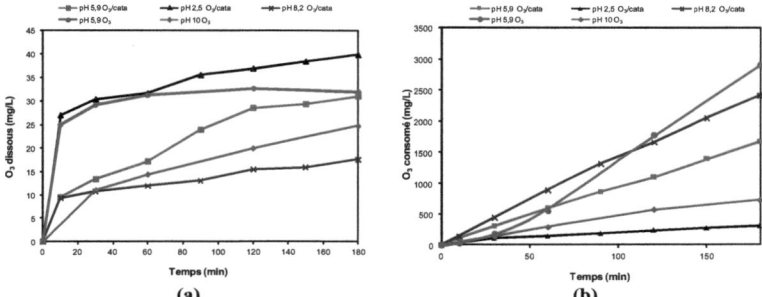

Figure III.9. Evolution de l'ozone dissous (a) et de l'ozone consommé (b) en fonctions du temps pour des différents pH.

($[O_3]_{entrée}$ = 2700 mg $O_3.h^{-1}$; masse$_{cata}$ = 0,8 g.L^{-1} ; pH = 2-10 ; T = 25 °C ; $[CYA]_0$ = 100µM)

Il semble qu'on peut distinguer deux phases de l'évolution de l'ozone dissous:

Au cours de la première phase, en absence d'ozone dissous initialement dans le réacteur, lors de l'introduction de l'ozone gazeux en continu, une augmentation de la concentration en ozone est observée dans la phase aqueuse.

Pendant la deuxième phase, un équilibre est établi entre le transfert d'ozone et sa consommation, la concentration de l'ozone dissous dans le réacteur est stable ($[O_3]$ ≈ 0,54 mM, 0,36 mM et 0,83 mM à pH_0 5,9 ; 8,2 et 2,5 respectivement à 180 minutes). Dans le système d'ozonation catalytique, une consommation minimale d'ozone est observée à pH 2,5 alors que la consommation d'ozone augmente avec l'augmentation du pH.

III.3. Sous-produits et la toxicité

III.3.1. Sous-produits inorganiques

En plus de la minéralisation du carbone organique, nous avons recherché les sous-produits inorganiques azotés formés lors de l'ozonation catalytique du CYA.

Ces sous-produits d'oxydation de CYA par ozonation catalytique sont les ions nitrate, nitrite et ammonium (Figure III.10).

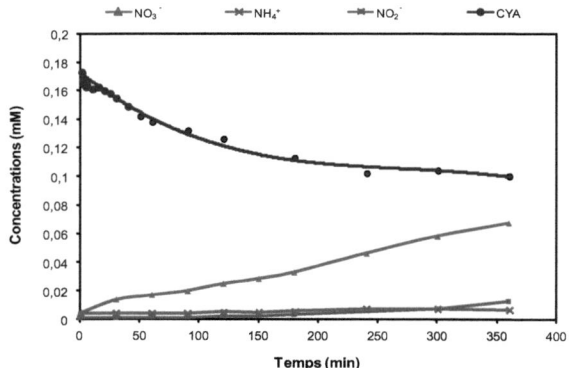

Figure III.10. Sous-produits inorganiques de l'CYA par ozonation catalytique.
([O₃]ₑₙₜᵣéₑ = 2700 mg O₃.h⁻¹ ; masse_cata = 0,8 g.L⁻¹ ; pH = 5,9 ; T = 25 °C ; [CYA]₀ = 200 µM)

La concentration des ions nitrate (0,7 mol NO₃⁻/ mol CYA éliminé) est très élevée par rapport aux ions nitrite et ammonium (< 0,1 mol NH₄⁺/ mol CYA éliminé). Les ions nitrates observées après l'ozonation catalytique de l'acide cyanurique à pH libre peuvent résulter de la conversion des ions ammonium tels que l'acide oxamique où l'ion nitrate constitue le sous-produit d'oxydation de l'ion ammonium présent en quantité significative lors de la réaction (Thèse de Bui, 2009). La concentration de l'ion nitrite est également faible car il est oxydé par l'ozone en ion nitrate.

D'après les travaux de Nohara *et al.* (1997), la structure chimique du substrat influence la proportion des ions formés. L'oxydation photocatalytique par TiO₂ des composés azotés tels que les acides aminés, les amides, les succinimides, l'imidazole, l'hydroxylamine et l'urée forme des produits intermédiaires possédant un groupe amine ou amide qui conduisent majoritairement à la production d'ions NH₄⁺. Les ions nitrates sont probablement formés par génération de groupement hydroxylamine.

III.3.2. Sous-produits d'oxydation

> *Analyse de la solution CYA non oxydée*

Dans les conditions d'analyse employées (cf. II.3.4.1), une analyse CL/UV/SM de la solution aqueuse de l'CYA non oxydée a été effectuée. Cette analyse a été réalisée afin de repérer le temps de rétention du CYA et afin de s'assurer de l'absence d'autres pics chromatographiques que celui de l'CYA.

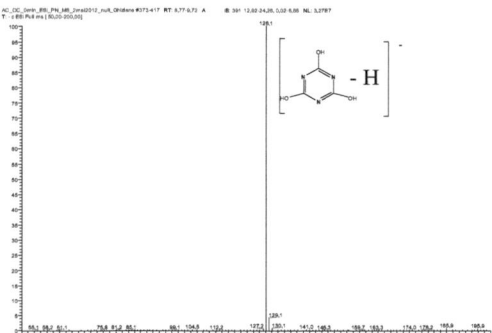

Figure III.11. Spectre de masse d'une solution aqueuse de CYA non oxydé en mode d'ionisation ESI négatif.

Un seul pic chromatographique (m/z 128) au temps de rétention 13,9 minutes a été observé par analyse UV ou SM (spectrométrie de masse en mode négatif). Aucun spectre n'a été observé en mode d'ionisation positif. Ce pic correspond à celui du CYA, dont le spectre de masse est représenté par la Figure III.11.

> ➤ *Analyse de la solution CYA oxydée*

Dans nos conditions expérimentales (pH 5,9 ; $[CYA]_0 = 200~\mu M$; $[O_3] = 45$ mg $O_3.min^{-1}$) et à partir de conditions analytiques identiques à celles employées pour l'analyse d'une solution de CYA non oxydée, les sous-produits d'oxydation de l'CYA ont été déterminés par couplage CL/SM en mode electrospray négatif (ESI⁻). En présence de catalyseur, les analyses CLHP montrent la formation de plusieurs sous-produits. Le chromatogramme obtenu par détection UV est présenté sur la Figure III.12.

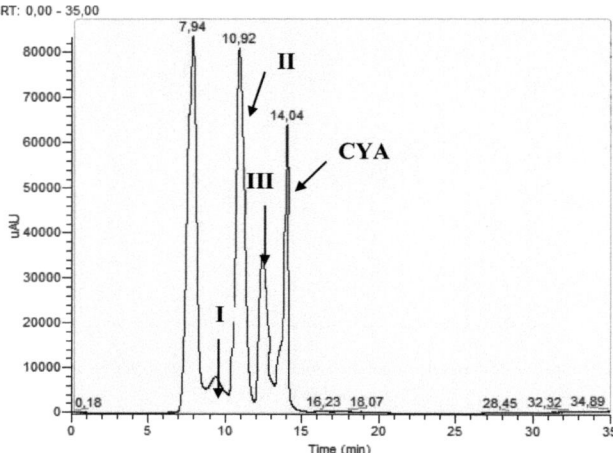

Figure III.12. Chromatogramme d'analyse par CL/SM de l'acide cyanurique à t = 180 minutes en ozonation catalytique.

Quatre pics ont été observés, comme indiqué dans la figure III.12. Trois sous-produits (I, II et III) ont été caractérisés par SM, correspondant à des masses molaire de 90 (m/z = 89), 63 (m/z = 62) et 88 (m/z = 87) respectivement. Aucun sous-produit de masse supérieure à l'CYA n'a été identifié.

Le tableau III.3 rassemble les résultats d'analyse CL/SM/SM de CYA et des trois produits de transformation, (I, II et III) résultant de la dégradation de CYA. Toutes les structures sont obtenues en analysant les informations apportées par les fragments de la molécule et les données apportées par les expériences en masse exacte ainsi que les abondances isotopiques.

D'après le tableau, on observe que le spectre SM/SM de l'ion moléculaire CYA conduit à la perte d'un fragment de masse 43 (la structure du fragment est proposée dans le tableau III.3). Une fragmentation de CYA mettant en jeu l'ouverture du cycle triazine.

92

Ions fragments observés et m/z (abondance relative)			
Composé	**SM (m/z)**	**SM/SM (m/z)**	**Structure chimique proposée**
CYA (13,9 min)	128 (100)	84,8 (100)	
Produit I (9,82 min)	89 (100)		
Produit II (11,05 min)	62 (100)		
Produit III (11,66 min)	87 (100) ; 59 (78)		

Le spectre de SM^2 de l'ion moléculaire acide cyanurique forme l'ion m/z 85 qui correspond à une perte de cyanamide à partir de la [M - H]⁻, ion entraînant le cation 2,4-dihydroxy-1,3-diazete (Figure III.13).

93

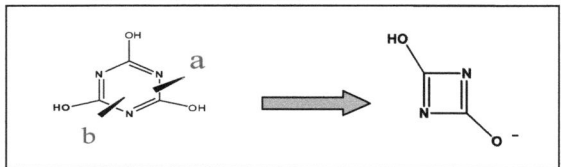

Figure III.13. Schéma de fragmentation SM^2 de l'acide cyanurique.

Un examen des spectres des produits I, II et III a montré la présence d'ions provenant de l'oxydation de l'acide cyanurique.
Comme indiqué dans le tableau III.3, les spectres de masse des produits I, II et III montrent des ions moléculaires de masse m/z égale à 89, 62 et 87 respectivement. Contrairement à CYA, pour ces sous-produits, aucun spectre n'a été observé en SM^2 indiquant que ces composés résultent probablement d'une ouverture du cycle triazine.

- Le spectre SM du composé I est représenté par la Figure III.14.

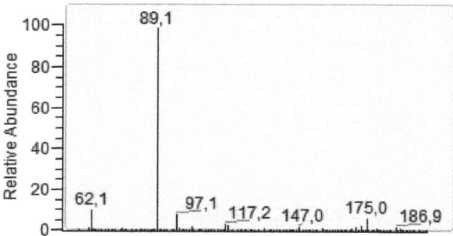

Figure III.14. Spectre SM du composé I détecté lors de l'ozonation catalytique du CYA.

La structure proposée pour le sous-produit I pourrait résulter d'une oxydation des atomes d'azote du cycle triazine par oxydation des doubles liaisons au cours de l'ozonation catalytique suivie d'une coupure de liaisons selon le mécanisme ci-dessous (Figure III.15).

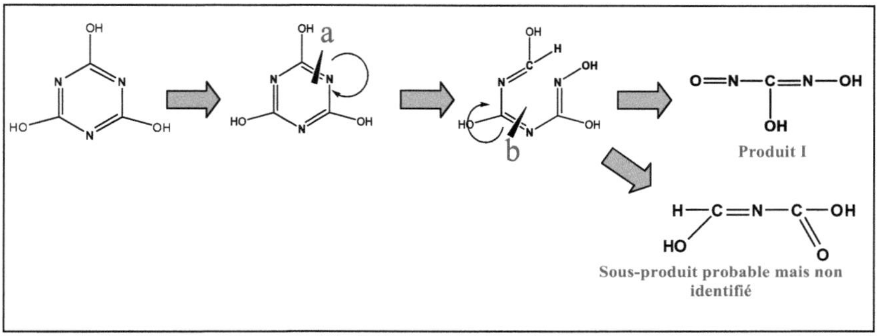

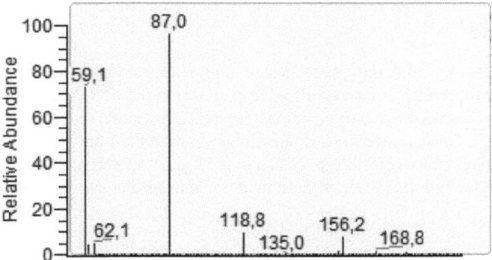

Figure III.15. Schéma réactionnel de dégradation de CYA par ozonation catalytique.

- Le spectre SM du composé III (ion fragment à m/z 87) est représenté par la Figure III.16. La structure proposée pour ce composé qui serait constitué d'un nombre pair d'atome d'azote, est indiquée dans le tableau III.3.

Figure III.16. Spectre SM du composé III détecté lors de l'ozonation catalytique du CYA.

Ce sous-produit pourrait résulter d'une réaction de surface au niveau de la double liaison de la molécule chimisorbée conduisant à l'ouverture du cycle triazine selon le mécanisme ci-dessous (Figure III.17).

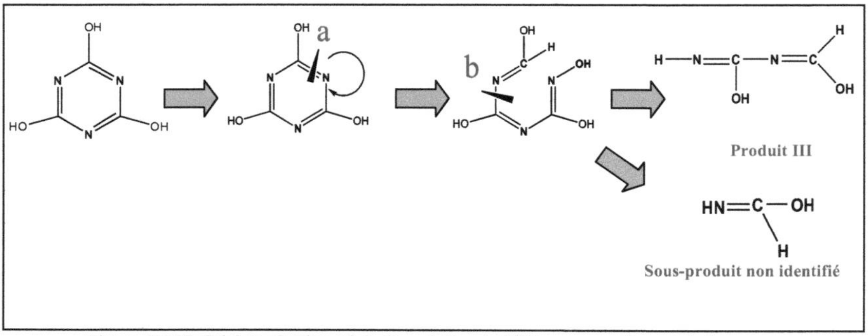

Figure III.17. Schéma réactionnel de dégradation de CYA par ozonation catalytique.

Cette structure serait suivie d'une coupure de la liaison C-N pour donner le sous-produit III.

- La structure proposée pour le sous-produit II (ion fragment m/z 62) pourrait résulter de l'oxydation des différents sous-produits proposés ci-dessus (tableau III.3).

III.3.3. Toxicité

L'acide cyanurique présente individuellement une faible toxicité (Gamboa da Costa *et al.*, 2012). Afin de comprendre et de visualiser le risque toxique de CYA et de ses sous-produits, des expériences d'ozonation catalytique ont été réalisées avec une concentration initiale en CYA de 0,65 g.L^{-1}. Cette concentration a été choisie en tenant compte des valeurs de CE$_{50}$ et de CE$_{20}$ déterminées dans cette étude (CE$_{50}$ = 0,73 g.L^{-1} et CE$_{20}$ = 0,22 g.L^{-1}). A l'aide du lumistox, nous déterminons l'effet inhibiteur des échantillons sur la luminescence de *Vibrio fisheri*.

La Figure.III.18 présente la toxicité de l'CYA (5 mM) au cours de l'ozonation catalytique avec une dilution de 1/10 du lumistox.

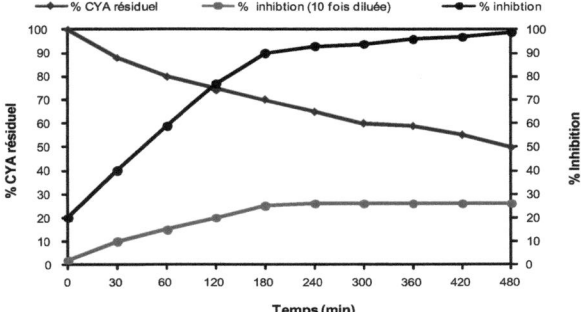

Figure III.18. Résultats de la toxicité de l'CYA (5 mM) au cours de l'ozonation catalytique.

CYA présente une faible toxicité et la toxicité tend à augmenter (> 95 %) par rapport à la dégradation de la concentration de CYA (5 mM). Ainsi, afin de déterminer la valeur de toxicité de l'acide cyanurique, des dilutions de 1/10 de l'échantillon ont été effectuées avant la mesure de toxicité (Figure III.18). Les résultats montrent, une augmentation de la toxicité de (> 25 %) de CYA au cours de l'ozonation catalytique puis elle se stabilise.

La Figure.III.19 montre l'évolution des trois pics majoritaires observés en ozonation catalytique de CYA à pH 5,9 et identifiés dans le paragraphe précédent.

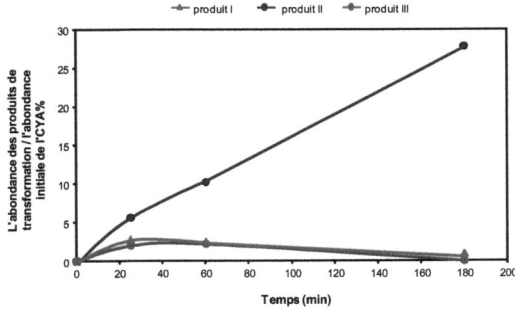

Figure III.19. Evolution des sous-produits de CYA (200 µM).

Les résultats de la Figure III.19 montrent que la toxicité pourrait être liée à P_{II}, et non pas à d'autres sous-produits identifiés (aucune corrélation n'a été trouvée pour les produits: P_I et P_{III}). Les sous-produits sont plus toxiques que CYA.

97

III.4. Conclusion

Ce chapitre présente une dégradation effective de l'acide cyanurique par ozonation en présence d'un catalyseur hétérogène. Le processus a été validé avec un résultat satisfaisant.
L'efficacité de la dégradation de l'acide cyanurique atteint une valeur maximale pour une concentration initiale de 50 µM de l'acide cyanurique. La dégradation conduit à une minéralisation de 32 % en ozonation catalytique pour une concentration initiale en acide cyanurique de 100 µM. L'efficacité de dégradation diminue avec l'augmentation de la concentration initiale. La température optimale pour la réaction de dégradation était de 25 °C (298K).

L'élimination de CYA est atteinte dans la gamme de pH libre de 5,5 à 6,0 et diminue en augmentant ou en diminuant la valeur de pH initial.

Dans les conditions expérimentales utilisées dans le réacteur semi-continu, les résultats obtenus montrent que:
L'ozonation catalytique permet l'élimination de l'acide cyanurique, une triazine réfractaire à l'ozonation; Lorsque l'ozonation catalytique est utilisée, l'acide cyanurique est dégradé et les ions nitrate sont formés (0,7 mol NO_3^- / mol d'acide cyanurique éliminé).

L'ozonation catalytique de CYA dans l'eau pure a été étudiée à pH 5,9 et à 25 °C. Dans ces conditions, les valeurs cinétiques obtenues pour l'ozonation catalytique de l'acide cyanurique dans un réacteur semi continu a permis d'illustrer l'influence de l'impact de la concentration initiale de la molécule. L'étude cinétique de l'ozonation catalytique a été réalisée pour chacune des deux phases, la première phase (0 à 10 minutes) et la seconde phase (10 à 180 minutes).

Les résultats obtenus par couplage chromatographie liquide haute performance et spectrométrie de masse ont mis en évidence la formation de trois sous-produits issus de l'ouverture du cycle triazine lors de l'oxydation de l'acide cyanurique. Un mécanisme d'ozonation catalytique de CYA a été proposé.

Chapitre IV : Resultats
Oxydation de la Melamine en Solution Aqueuse par Ozonation Catalytique

Introduction

Dans ce deuxième chapitre de résultats, la capacité du procédé d'ozonation catalytique et d'ozonation à dégrader la mélamine a été étudiée. Dans la première partie, une comparaison entre l'ozonation catalytique et l'ozonation a été réalisée et la cinétique de l'ozonation catalytique de la mélamine a été discutée. Diverses approches d'études cinétiques ont été employées. Dans la deuxième partie, certains sous-produits d'ozonation catalytique ont été identifiés et la toxicité pour les bactéries marines *V.fisheri* a été étudiée au cours de l'ozonation catalytique.

Dans cette partie de résultats, les conditions expérimentales ont été similaires à celles du chapitre précédent.

IV.1. Dégradation de la MEL par ozonation catalytique

Les expériences d'ozonation et d'ozonation catalytique ont été réalisées dans un réacteur semi-continu pour une valeur de pH voisine de 7 et pour différentes concentrations de mélamine (comprises entre 50 et 400 µM). Les cinétiques d'ozonation et d'ozonation catalytique ont été suivies pendant 180 minutes. Les résultats sont reportés à la Figure IV.1.

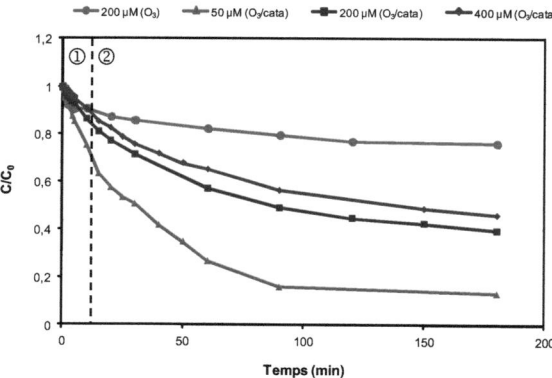

Figure IV.1. Effet du catalyseur sur l'élimination de MEL par ozonation et effet de la concentration initiale sur la dégradation de MEL par ozonation catalytique.
($[O_3]_{entrée}$ = 2700 mg $O_3.h^{-1}$; masse$_{cata}$ = 0,8 g.L^{-1} ; pH = 7,1 ; T = 25 °C ; $[MEL]_0$ = 50 ; 200 et 400 µM)

La dégradation de la mélamine par ozonation, à pH libre en absence de catalyseur est faible (23 % d'élimination après 180 minutes de réaction) comparée à l'élimination de la mélamine obtenue lors de l'ozonation en présence de catalyseur (60 % après 180 minutes de réaction) à une concentration de 200 µM. La réaction entre l'ozone et la mélamine est lente.

La concentration initiale en mélamine a un effet remarquable sur l'efficacité de la dégradation de MEL, comme indiqué dans la Figure IV.1. L'application de l'ozonation catalytique est particulièrement efficace pour éliminer les faibles concentrations en MEL, où la dégradation est supérieure à 87 % pour 50 µM.

Dans les mêmes conditions, la vitesse de dégradation par l'ozonation catalytique de MEL est plus lente que la vitesse de dégradation de l'acide cyanurique.

IV.1.1. Evolution du carbone organique total

Le COT a été suivi pour les expériences de dégradation de la mélamine par ozonation et ozonation catalytique et les résultats sont présentés sur la Figure IV.2.

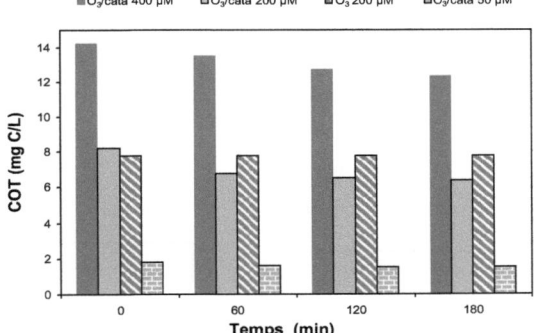

Figure IV.2. Evolution du COT en fonction du temps pour l'ozonation et l'ozonation catalytique. ($[O_3]_{entrée}$ = 2700 mg O_3.h^{-1} ; masse$_{cata}$ = 0,8 g.L^{-1} ; pH = 7,1; T = 25 °C; $[MEL]_0$ = 50 , 200 et 400 µM)

La Figure IV.2 montre que la quantité de COT minéralisé par ozonation catalytique est significative par rapport à l'ozonation seule pour une concentration en mélamine de 200 µM. L'abattement de la concentration de COT est néanmoins faible (22 % en ozonation catalytique pour 200 µM de mélamine).

L'ozonation seule ne conduit pas à la minéralisation de ce composé dans nos conditions expérimentales.

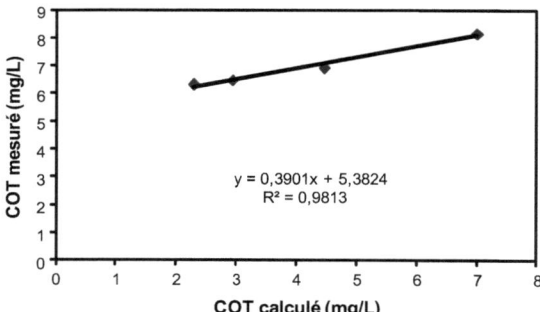

Figure IV.3. Evolution du COT mesuré en fonction du COT calculé en ozonation catalytique.
($[O_3]_{entrée}$ = 2700 mg $O_3.h^{-1}$; masse$_{cata}$ = 0,8 g.L^{-1} ; pH = 7,1; T = 25 °C; $[MEL]_0$ = 200 µM)

La courbe de Figure IV.3 est linéaire, la droite montre que la valeur du carbone organique mesuré est très supérieure à celle correspondant à la mélamine, ce qui implique dans nos conditions d'oxydation, la formation d'une concentration importante de sous-produits organiques.

IV.1.2. Consommation de l'ozone

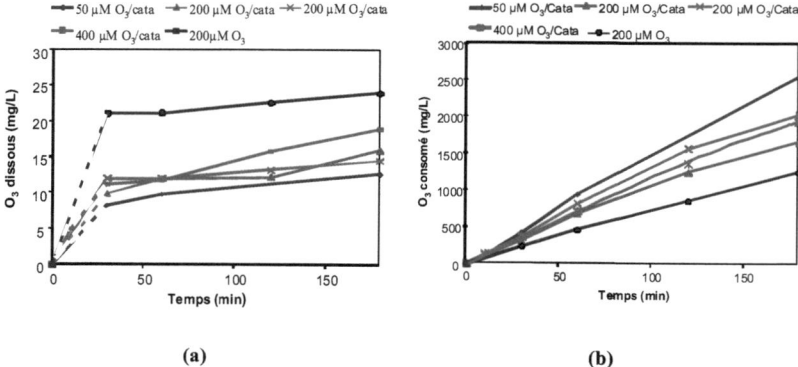

(a)   (b)

Figure IV.4. Evolution de l'ozone dissous (a) et de l'ozone consommé (b) en fonction du temps pour différentes concentrations en mélamine.
($[O_3]_{entrée}$ = 2700 mg $O_3.h^{-1}$; masse$_{cata}$ = 0,8 g.L^{-1} ; pH = 7,1; T = 25 °C)

La Figure IV.4 présente l'évolution de l'ozone dissous et de l'ozone consommé. D'après la Figure IV.4.a, une augmentation rapide de la concentration en ozone dissous en début de réaction (0 - 30 minutes) a été observée en absence et en présence de catalyseur, suivi d'une augmentation beaucoup plus lente. Cette évolution de la concentration en ozone dissous correspond aux deux phases de dégradation de la mélamine:

Au cours de la première phase, il n'y a pas d'ozone dissous initialement dans le réacteur et l'ozone gazeux introduit est transféré dans le milieu réactionnel conduisant à une augmentation rapide de la concentration en ozone dissous ;
Au cours de la deuxième phase, un équilibre s'établit entre le transfert d'ozone et sa consommation, la concentration en ozone dissous est stable dans le réacteur ($[O_3] \approx 0,45$ mM en ozonation et 0,3 mM en ozonation catalytique pour une concentration de 200 µM). La concentration en ozone dissous au cours de l'ozonation catalytique est toujours plus faible que pendant l'ozonation seule.

La consommation de l'ozone est plus importante en ozonation catalytique qu'en ozonation seule (Figure IV.4b). Le taux de consommation de l'ozone augmente de façon linéaire avec le temps et est d'environ 0,14 mM.min^{-1} en ozonation et 0,23 mM.min^{-1} en ozonation catalytique. Il semble que le taux d'ozone consommé dépend légèrement de la concentration initiale où le taux de consommation de l'ozone est plus fort à 50 µM de mélamine et il est de l'ordre de 0,29 mM.min^{-1} en ozonation catalytique. L'ozone consommé est similaire lors de la dégradation de MEL pour les différentes concentrations initiales en MEL sauf pour 50 µM, l'ozone consommé est plus important.

Les résultats de concentrations d'ozone consommé par la mélamine éliminée ont été obtenus pour différentes concentrations en mélamine (50, 200 et 400 µM) par ozonation et ozonation catalytique. Ces valeurs sont reportées dans le tableau IV.1.

Tableau IV.1. Concentrations d'ozone consommé sur mélamine éliminée pour différents concentration de mélamine.

% d'élimination de mélamine	Consommation d'ozone (mM) / Mélamine éliminée (mM)			
	O$_3$/cata (50µM)	O$_3$/cata (200µM)	O$_3$/cata (400µM)	O$_3$ (200µM)
10	199,5	100,7	74,2	86,9
30	286,1	134,8	96,3	-
50	350,2	243,6	167,5	-
70	545,5	321,9	-	-
90	1238,9	-	-	-

Les résultats obtenus au cours de cette étude ont permis de montrer que :

La consommation de en ozone pour éliminer 10 % de mélamine à 200 µM est de l'ordre de 100,7 mM/mM en ozonation catalytique et de l'ordre de 86,9 mM/mM en ozonation seule, cela indique que la consommation en ozone par le catalyseur est plus importante que par ozonation seule,

103

La consommation de l'ozone diminue avec l'augmentation de la concentration en mélamine initiale, en ozonation catalytique les consommations pour 50 % d'élimination de mélamine sont de l'ordre de 350,2 ; 243,6 et 167,5 mM/mM correspondant aux concentrations initiales en mélamine de 50 ; 200 et 400 µM respectivement,

La consommation de l'ozone par la mélamine éliminée augmente avec l'augmentation du pourcentage d'élimination de la mélamine.

IV.1.3. Etude cinétique de l'ozonation catalytique

L'exploitation cinétique des expériences a été effectuée en considérant que la vitesse d'élimination de la mélamine par l'ozonation catalytique a pour expression :

$$v = -\frac{d[MEL]}{dt} = k_1 [MEL]^\alpha$$

L'étude cinétique de l'ozonation catalytique a été réalisée pour chacune des deux phases.

Dans la première phase (de 0 à 10 minutes) au cours de laquelle la concentration en ozone dissous augmente, l'élimination rapide de la mélamine a été simulée par une cinétique d'ordre zéro :

$$-\frac{d[MEL]}{dt} = k_0 = const$$

D'où [MEL] = -k_0t + [MEL]$_0$ est l'équation de droite ayant pour pente la constante de vitesse k_0.

Dans la deuxième phase, la détermination de la constante cinétique de réaction vis-à-vis de l'ozonation catalytique a été effectuée par la méthode qui a été détaillée dans la première partie des résultats d'acide cyanurique après un décalage de l'origine pour l'échelle des temps : $t_1 = t - 10$ (min).

Alors comme l'ordre $\alpha \neq 1$, on utilise l'équation suivante :

$$-\int_0^t \frac{d[MEL]}{[MEL]^\alpha} = \int_0^t k_1 dt \Rightarrow -\left[\frac{[MEL]^{1-\alpha}}{1-\alpha}\right]_0^t = k_1 t \Rightarrow -\frac{1}{1-\alpha}\left([MEL]_t^{(1-\alpha)} - [MEL]_0^{(1-\alpha)}\right) = k_1 t$$

Où,

$$A = \frac{-1}{1-\alpha}\left([MEL]_t^{(1-\alpha)} - [MEL]_0^{(1-\alpha)}\right)$$

104

La Figure IV.5 représente l'évolution de MEL en fonction du temps dans la phase 2 avec la valeur α = 0,9. Cette valeur a conduit à une meilleure corrélation de la régression linéaire.

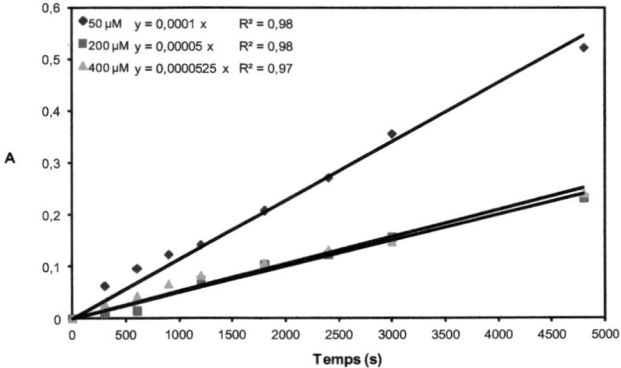

Figure IV.5. Cinétique d'oxydation de la MEL par l'ozonation catalytique dans la phase 2 pour α = 0,9.
($[O_3]_{entrée}$ = 2700 mg $O_3.h^{-1}$; $masse_{cata}$ = 0,8 $g.L^{-1}$; pH = 7,1; T = 25 °C)

À partir de la pente des droites de la Figure IV.5, les constantes apparentes de la mélamine vis-à-vis de l'ozonation en présence du catalyseur sont calculées.

Le tableau IV.2 présente pour les différentes concentrations initiales de MEL, les paramètres cinétiques dans les phases 1 et 2 du système d'ozonation catalytique.

Tableau IV.2. Paramètres cinétiques dans la phase 1 et 2 dans le système d'ozonation catalytique pour des différentes concentrations initiales de MEL.

MEL$_0$ (µM)	phase 1		phase 2	Moyenne d'ozone dissous (mg.L^{-1})
	k_0 (s^{-1})	ordre	k_1 (mol.L^{-1}.min^{-1})	
50	5,43.10^{-8}	0,9	1,13.10^{-4}	12
200	2,24.10^{-8}	0,9	5,03.10^{-5}	14
400	6,21.10^{-8}	0,9	5,25.10^{-5}	18

IV.2. Influence du pH
Afin de déterminer l'influence du pH, une série d'expérience a été réalisée en ozonation catalytique (a) et en ozonation seule (b) pour des pH compris entre 2,8 et 10, à une température de 25°C.

105

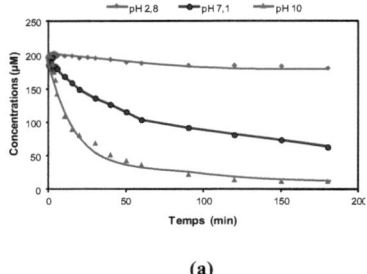 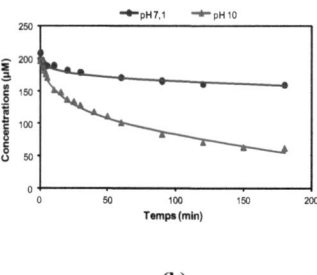

(a)   (b)

Figure IV.6. Effet du pH sur MEL par ozonation catalytique (a) et ozonation (b).
([O$_3$]$_{entrée}$ = 2700 mg O$_3$.h^{-1} ; masse$_{cata}$= 0,8 g.L^{-1} ; pH= 2-10; T = 25 °C ; [MEL]$_0$ = 200 µM)

La Figure IV.6 présente l'élimination de la mélamine dans les différentes conditions expérimentales en ozonation et en ozonation catalytique.

Les résultats (Figure IV.6.b) ont montré que l'élimination par ozonation seule était assez faible à pH libre 7,1 (23 % après 180 minutes) et l'efficacité de la dégradation augmente avec l'augmentation du pH, 68 % après 180 minutes d'ozonation seule à pH 10.

L'ajout du catalyseur dans le réacteur a conduit à une meilleure dégradation de la mélamine (Figure IV.6.a). D'après ces résultats, on remarque qu'il y a une corrélation entre la valeur initiale de pH et l'élimination de mélamine par ozonation catalytique. La dégradation à pH basique est plus rapide qu'à pH libre ou acide, l'élimination est de 94 %, 66 % et 9 % respectivement.

Ces résultats montrent une forte influence du pH sur la cinétique d'ozonation catalytique de la mélamine. La mélamine se présente sous forme de 2,4,6-Triamino-s-triazine, c'est une base organique ayant un pKa de 5. Comme nous l'avons mentionné précédemment dans la partie d'effet du pH de l'acide cyanurique (cf. III.2.2), pour la valeur du pH au-dessus du pH$_{pzc}$ du catalyseur (pH$_{pzc}$ = 5,7), la surface de ce dernier est chargée négativement, ce qui est bénéfique pour l'oxydation de l'azote protoné.

En ozonation catalytique comme en ozonation seule plus le pH est élevé, plus la cinétique d'ozonation est rapide. Le système ne présente qu'une très faible efficacité à pH acide.

En ozonation seule, ces résultats peuvent être expliqués par le rôle des radicaux hydroxyle générés par l'interaction entre O$_3$ et OH$^-$ (Hoigné et al., 1983; Béltran et al., 2009). Ces radicaux, beaucoup plus réactifs que l'ozone, permettent ainsi d'augmenter la vitesse de dégradation du composé étudié.

Dans l'ensemble du domaine de pH étudié, la présence de catalyseur accélère la décomposition de l'ozone. Le catalyseur peut être activé par l'ozone moléculaire et les radicaux OH°, mais l'ozone moléculaire est moins efficace que les radicaux OH°.

L'évolution de l'ozone dissous et de l'ozone consommé en fonction du temps, aux différents pH, en présence et en absence du catalyseur, sont présentées sur les Figure IV.7 et IV.8 respectivement.

106

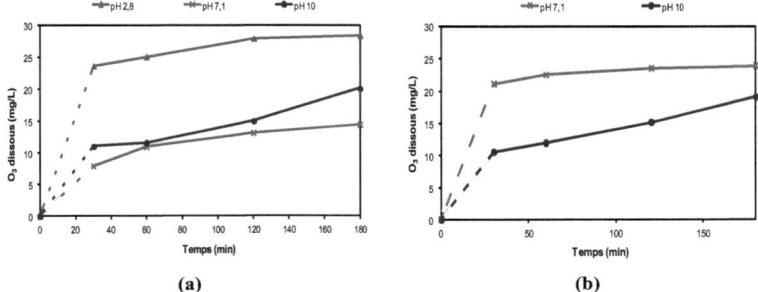

Figure IV.7. Evolution de l'ozone dissous en présence (a) et en absence de catalyseur (b) en fonctions du temps à des différents pH.
([O$_3$]$_{entrée}$ = 2700 mg O$_3$.h^{-1} ; masse$_{cata}$ = 0,8 g.L^{-1} ; pH = 2-10 ; T = 25 °C; [MEL]$_0$ = 200µM)

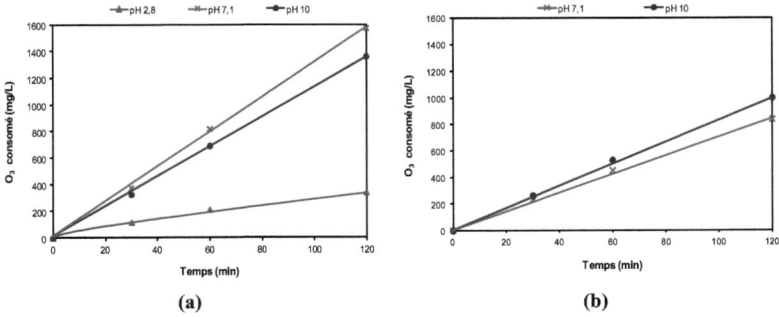

Figure IV.8. Evolution de l'ozone consommé en présence (a) et en absence de catalyseur (b) en fonctions du temps à des différents pH.
([O$_3$]$_{entrée}$ = 2700 mg O$_3$.h^{-1} ; masse$_{cata}$ = 0,8 g.L^{-1} ; pH = 2-10 ; T = 25 °C ; [MEL]$_0$ = 200 µM)

Comme nous l'avons mentionné précédemment, on constate deux phases d'évolution d'ozone dissous correspondant aux deux phases de dégradation de MEL en présence et en absence de catalyseur.

La comparaison des courbes montre que la concentration de l'ozone dissous à pH acide est supérieure qu'aux autres pH.

Pendant la deuxième phase, la concentration de l'ozone dissous dans le réacteur est stable ($[O_3] \approx 0,58$ mM, 0,3 mM et 0,36 mM à pH_0 2,8 ; 7,1 et 10 respectivement après 180 min de réaction pour l'ozonation catalytique).

Comme attendu en absence de catalyseur, la concentration de l'ozone dissous à pH libre est supérieure qu'au pH basique (Figure IV.7.b). En effet, la réaction de décomposition de l'ozone par les ions OH⁻ est favorisée à pH 10.

Les résultats de la Figure IV.8.a montrent que la consommation de l'ozone à pH libre et basique est supérieure qu'à celle mesurée à pH acide. Dans le réacteur la concentration en ozone varie peu ($[O_3] \approx 0,05$ mM.min⁻¹ ; 0,23 mM.min⁻¹ et 0,23 mM.min⁻¹ à pH_0 2,8 ; 7,1 et 10 respectivement).

La Figure IV.8.b présente les résultats de consommation de l'ozone en absence de catalyseur. Elle correspond à 0,1 mM.min⁻¹ et 0,14 mM.min⁻¹ pour pH_0 7,1 et 10 respectivement.

Dans les conditions expérimentales employées, les concentrations en ozone consommé par mélamine éliminée pour les différents pH ont été déterminées. Ces valeurs sont rapportées, pour chaque expérience, dans le tableau IV.3.

Tableau IV.3. Concentrations d'ozone consommé par mélamine éliminée pour différents pH étudiés.

% d'élimination de mélamine	Consommation d'ozone (mM) / Mélamine éliminée (mM)				
	en présence de catalyseur			en absence de catalyseur	
	pH 2,8	pH 7,1	pH 10	pH 7,1	pH 10
10	500,8	100,7	29,1	86,9	34,3
30	-	134,8	25,2	-	66,7
50	-	243,6	31,1	-	115,2
70	-	321,9	56,1	-	143,1
90	-	-	211,5	-	-

Le résultat des analyses montre que :

Les calculs de l'ozone consommé en ozonation catalytique montrent que le procédé est plus performant à pH basique.

La consommation de l'ozone par la mélamine éliminée à pH libre après 10 % d'élimination est de l'ordre de 100,7 mM/mM en ozonation catalytique et de l'ordre de 86,9 mM/mM en ozonation seule après 10 minutes de réaction. Cela indique que l'efficacité de l'ozone moléculaire pour l'oxydation de la mélamine est plus faible que pour le couplage de l'ozone avec le catalyseur.

IV.3. Sous-produits formés et la toxicité

Pour les expériences réalisées à pH libre et basique, les sous-produits organiques et inorganiques formés par ozonation et ozonation catalytique ont été étudiés et la toxicité a été mesurée.

IV.3.1. Sous-produits inorganiques

La Figure IV.9 montre la formation des ions nitrate lors de l'ozonation de la mélamine en présence (a) et en absence de catalyseur (b) à pH basique.

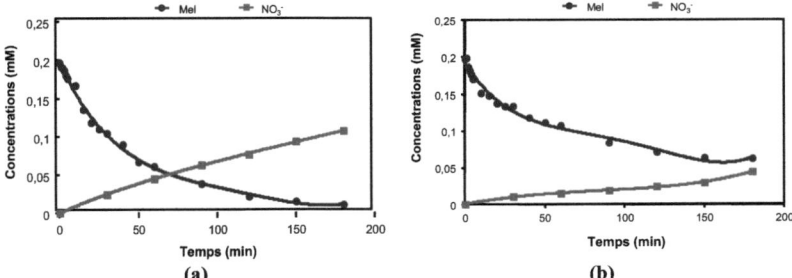

Figure IV.9. Sous-produits inorganiques de MEL par ozonation catalytique (a) et par ozonation (b) à pH basique.
($[O_3]_{entrée} = 2700$ mg $O_3.h^{-1}$; masse$_{cata} = 0,8$ g.L^{-1} ; pH = 10 ; T = 25°C; [MEL]$_0 = 200$ µM)

Comme indiqué sur la Figure IV.9, pour une concentration initiale de 200 µM, une plus grande quantité de NO_3^- est produite lors de l'ozonation de la mélamine en présence de catalyseur.
La libération de nitrates par ozonation de la mélamine (0,3 mol NO_3^-/ mol MEL éliminée) est faible par rapport à la formation obtenue lors de l'ozonation catalytique (0,6 mol NO_3^-/ mol MEL éliminée).
Parmi les ions recherchés, les ions ammonium ont été observés mais à une concentration négligeable de l'ordre de 0,03 mol de NH_4^+ par mol de MEL éliminée, et les ions nitrite ne sont pas formés lors de l'oxydation de la mélamine. L'ion nitrite NO_2^- n'a pas été détecté en cours de réaction.
Des expériences d'ozonation catalytique réalisées à pH libre (7,1) à partir des concentrations initiales en mélamine de 50 µM et 200 µM confirment la minéralisation de mélamine et la formation majoritaire d'ions nitrate.

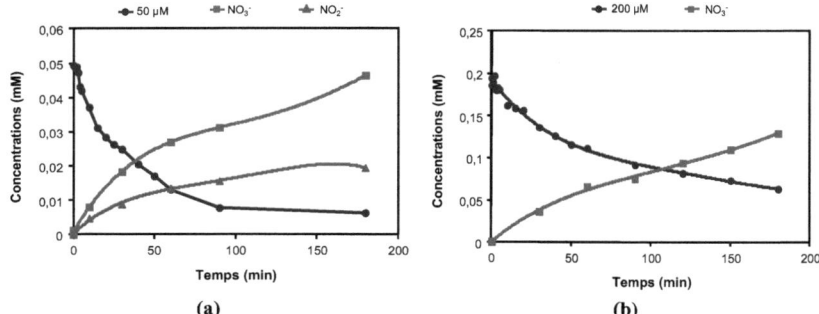

Figure IV.10. Sous-produits inorganiques par ozonation catalytique de MEL 50μM (a) et 200 μM (b) à pH libre.

$([O_3]_{entrée} = 2700 \text{ mg } O_3.h^{-1}$; $masse_{cata} = 0,8 \text{ g.L}^{-1}$; $pH = 7,1$; $T = 25\ °C$; $[MEL]_0 = 50$ et 200 μM)

Les concentrations en ions nitrate mesurées lors de l'ozonation catalytique de 50 et 200 μM en mélamine augmentent au cours du temps de réaction.

A partir des résultats présentés dans la Figure IV.10 a et b, on note que la formation de nitrate par ozonation catalytique de 50 μM de mélamine (1,05 mol NO_3^-/ mol MEL éliminée) est plus importante que celle obtenue lors de l'ozonation catalytique de 200 μM de mélamine (0,9 mol NO_3^-/ mol MEL éliminée).

L'ion nitrite a été détecté à des concentrations plus faibles et uniquement dans le cas de 50 μM de mélamine.

Les concentrations maximales observées en cours de réaction sont de l'ordre de 0,4 mol de NO_2^- par mol de mélamine éliminée.

IV.3.2. Sous-produits d'oxydation

Cette partie a été réalisée afin d'identifier les sous-produits organiques lors de l'oxydation en présence et en absence de catalyseur.

Une analyse par CLHP/UV/SM d'une solution de mélamine (200 μM) non oxydée a tout d'abord été effectuée afin de repérer le temps de rétention de la mélamine et pour s'assurer de l'absence de pic chromatographique autre que celui de la mélamine.

Dans ces conditions, par analyse UV ou SM, un seul pic chromatographique, au temps de rétention 10,14 minutes a été observé. Le spectre de masse montre une valeur de m/z = 127 correspondant au pic de l'ion moléculaire $[M+H]^+$ de la mélamine (Figure IV.11). Aucun spectre n'a été observé en mode d'ionisation négatif.

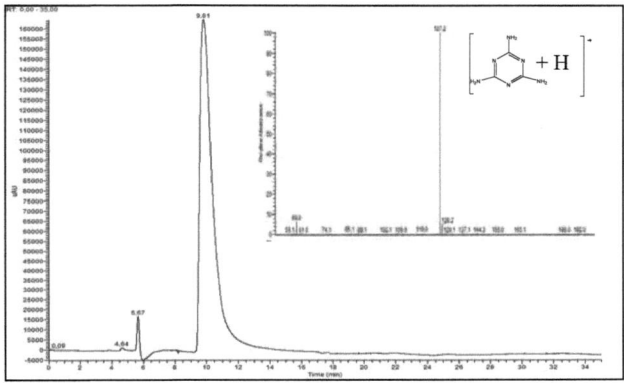

Figure IV.11. Chromatogramme par CLHP/SM et le spectre SM d'une solution de mélamine (200 µM) non oxydée en mode d'ionisation ESI positif.

Dans nos conditions expérimentales (pH 7,1 ; [MEL] = 200 µM ; [O$_3$ = 45 mg O$_3$.min^{-1}), les sous-produits d'oxydation de la MEL ont été déterminés à l'aide du couplage CL/SM en mode electrospray positif (ESI$^+$). Les chromatogrammes issus de l'analyse par CL/SM de la mélamine par ozonation et ozonation catalytique sont présentés sur la Figure IV.12.

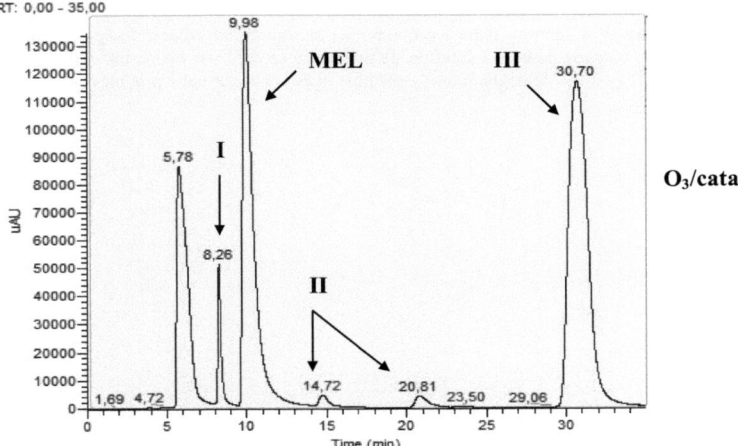

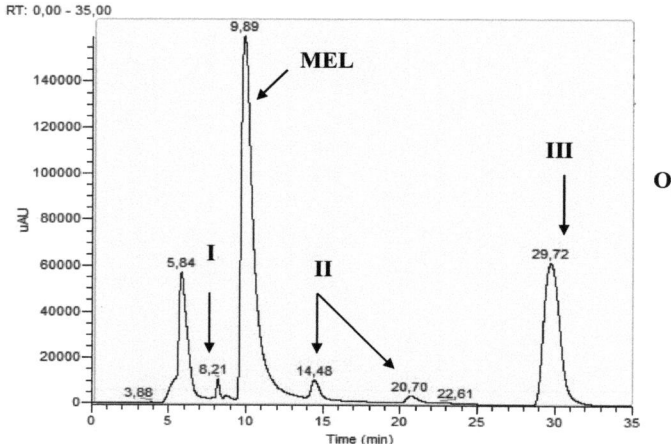

Figure IV.12. Chromatogrammes des analyses par CL/SM de la mélamine, à t = 30 minutes en ozonation catalytique et à t = 180 minutes en ozonation (< 30 % d'élimination).

D'après la Figure IV.12, on constate que des pics aux mêmes temps de rétention ont été observés lors des analyses de l'oxydation de mélamine en présence comme en absence de catalyseur.

Le tableau IV.4 reporte, dans les conditions analytiques étudiées, les principaux ions de fragments obtenus pour une solution de mélamine oxydée par ozonation seule et ozonation catalytique (< 30 % de dégradation) à pH libre et pour chaque sous-produit observé.

Tableau IV.4. Principaux ions de fragments obtenus à partir de SM et SM/SM pour la MEL et ses sous-produits.

Composé	SM	SM/SM	Structure chimique proposée
		Ions fragments observés et m/z (abondance relative)	
MEL (9,9 min)	127(100)	85(100)	
Produit I (8,26 min)	128 (100)	86 (100)	
Produit II (14,7-20,8 min)	60 (36) 60 (70)		
Produit III (30,7 min)	143,1 (83) 157 (20) 173 (33)	126 127 155	

Les quatre pics chromatographiques observés montrent en spectrométrie de masse (mode ESI[+]) des rapports m/z de 127, 128, 60 et 143 (157 et 173).

Le spectre SM^2 de l'ion moléculaire mélamine forme l'ion m/z 85 qui correspond à une perte de cyanamide, ion entraînant le cation 2,4-diamino-1,3-diazete (Varelis et Jeskelis, 2008), (Figure IV.13).

113

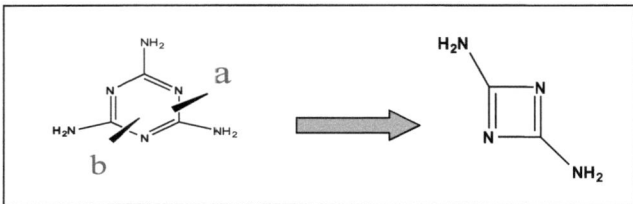

Figure IV.13. Schéma de fragmentation SM² de la mélamine.

Le pic de rapport m/z 128 (Figure IV.14) correspond au pic de l'ion moléculaire du composé I qui est identifié comme étant l'améline. La fragmentation de l'améline est similaire à la fragmentation de la mélamine. Le spectre SM/SM de l'ion moléculaire I conduit à la perte d'un fragment de masse 41 par coupure des liaisons 'a' et 'b'.

Par fragmentation dans la source d'ionisation, l'ion moléculaire donnerait alors un fragment de rapport m/z 86 correspondant au fragment de la molécule $C_2N_3OH_3$ (tableau IV.4).

L'améline a été proposée comme sous-produit d'hydrolyse de la mélamine par Jutzi *et al.* (1983).

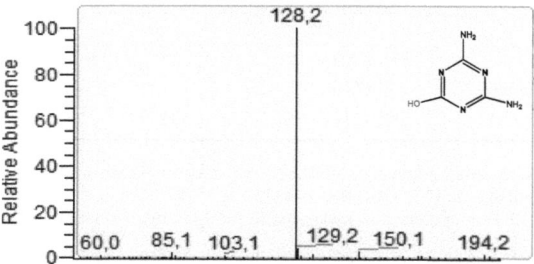

Figure IV.14. Spectre CL/SM du sous-produit I détecté par l'ozonation et l'ozonation catalytique du MEL.

Le spectre CL/SM du composé II est représenté sur la Figure IV.15. Le fragment de rapport m/z 60 serait le pic de l'ion moléculaire du composé II qui correspondrait à la guanidine (CN_3H_5).

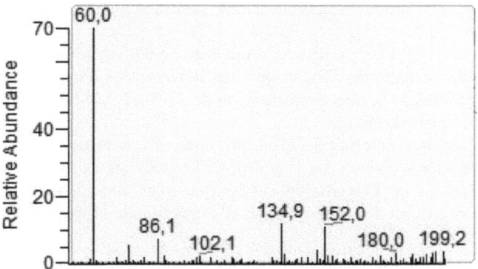

Figure IV.15. Spectre CL/SM du sous-produit II détecté par l'ozonation et l'ozonation catalytique de MEL.

Ce sous-produit est observé à la fois lors de l'ozonation et l'ozonation catalytique. Au regard des mécanismes d'action de l'ozone et des radicaux hydroxyle, la formation d'une telle structure réduite, par attaque de ces oxydants est peu probable. Ce sous-produit pourrait résulter de la décomposition d'un intermédiaire instable issus de l'ouverture du cycle et formés par l'action des oxydants.

Les fragments du spectre de masse de produit III (temps de rétention élevé), de rapport m/z 143, 157 et 173 ont des masses supérieures à la mélamine m/z 127 (Figure IV.16). Ces pics correspondent à une seule molécule, le composé III. La fragmentation de l'ion moléculaire m/z 143 donne un ion à m/z 126 qui pourrait correspondre à la perte possible d'un groupement OH. Aucune structure chimique n'a pu être proposée pour ce sous-produit.

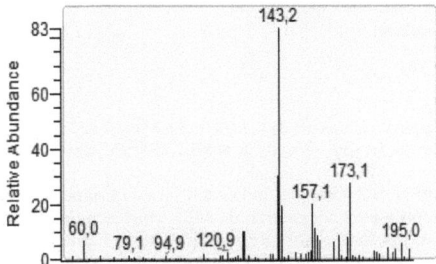

Figure IV.16. Spectre CL/SM du sous-produit III détecté par l'ozonation et l'ozonation catalytique de MEL.

En absence de catalyseur, les mêmes principaux pics de rapport m/z 128, 60, 143, 157 et 173 sont observés en chromatographie liquide et spectrométrie de masse.

IV.3.3. Toxicité

Pour le suivi de la toxicité, l'ozone dissous a été éliminé par stripping à l'oxygène.
En tenant compte des valeurs de CE_{50} et de CE_{20} déterminées dans cette étude (CE_{50} = 1380 mg.L^{-1} et CE_{20} = 860 mg.L^{-1}), une concentration de 3,18 g.L^{-1} de mélamine a été choisie pour étudier la toxicité de cette dernière.

A l'aide du lumistox, on a déterminé l'effet inhibiteur d'échantillon en cours d'oxydation sur la luminescence de *Vibrio fisheri*. La Figure IV.17.a présente la toxicité de la solution de la mélamine (25mM) lors de l'oxydation catalytique avec une dilution de 1/10. La Figure IV.17.b présente l'évolution des sous-produits d'oxydation de la mélamine.

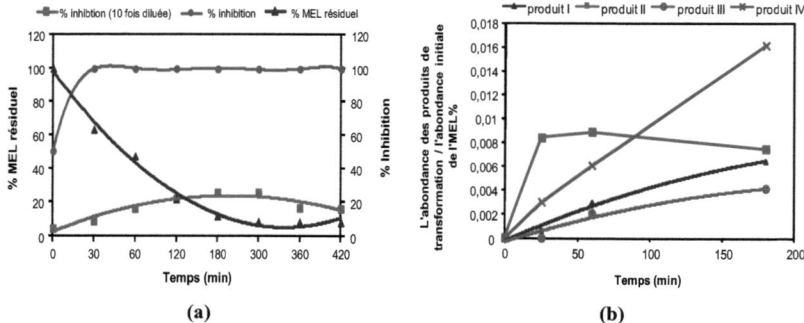

Figure IV.17. Evolution de la toxicité de la MEL (25 mM) lors de l'ozonation catalytique (a) et évolution des sous-produits de la MEL (200 μM) par CL/SM (b).

La toxicité de la solution de mélamine initiale est faible et semble augmenter (> 100 %) au cours de la dégradation de la concentration de MEL en raison des intermédiaires générés en solution. Les sous-produits formés sont très toxiques après trente minutes de traitement. Sur les échantillons dilués de la solution de mélamine, les résultats de mesures de toxicité ont diminué jusqu'à > 18 %.

Les résultats de la Figure IV.17.b montrent que la toxicité pourrait être liée aux sous-produits identifiés (corrélation a été trouvée pour les produits: P_I, P_{II} et P_{III}).Les sous-produits sont plus toxiques que la mélamine.

IV.4. Conclusion

Les principaux résultats obtenus dans l'étude de dégradation de la mélamine lors de l'oxydation en présence et en absence de catalyseur sont comme suit.

La mélamine peut se dégrader par ozonation en présence comme en absence de catalyseur. L'ajout de catalyseur dans le réacteur a conduit à une meilleure dégradation de la mélamine. L'efficacité de dégradation en présence de catalyseur diminue avec l'augmentation de la concentration initiale en mélamine. La dégradation conduit à une minéralisation de 22 % en ozonation catalytique pour une concentration initiale en mélamine de 200 µM.

Une corrélation entre l'augmentation de pH et l'élimination de mélamine a été établie par ozonation en présence et en absence de catalyseur.

Les constantes cinétiques déterminées dans cette étude permettent de prévoir le comportement de la mélamine au cours de l'ozonation catalytique.

En ce qui concerne les sous-produits azotés de dégradation de la mélamine, nos travaux mettent en évidence une production plus importante de l'ion nitrate par rapport à l'ion ammonium. A pH basique, la production des ions nitrate par ozonation de la mélamine est de l'ordre de 0,3 mol NO_3^- / mol MEL éliminée et par ozonation catalytique est de l'ordre de 0,6 mol NO_3^-/ mol MEL éliminée pour 94 % et 68 % de mélamine éliminée respectivement (180 minutes).

Les résultats obtenus par couplage chromatographie liquide haute performance et spectrométrie de masse ont montré la formation de trois sous-produits lors de l'oxydation de la mélamine par ozonation et ozonation catalytique. La réaction conduirait à une oxydation du carbone du cycle triazine pour produire l'améline.

CHAPITRE V : RESULTATS
OXYDATION DE METHYLAMINES EN SOLUTION AQUEUSE PAR OZONATION CATALYTIQUE

CHAPITRE V : RESULTATS
OXYDATION DE METHYLAMINES EN SOLUTION AQUEUSE PAR OZONATION CATALYTIQUE

Introduction

Ce chapitre concerne l'oxydation par ozonation et ozonation catalytique de la méthylamine (MA) et de la diméthylamine (DMA). L'objectif de ces travaux est de décrire le comportement de ces deux amines simples vis-à-vis de l'ozonation seule ou en présence de catalyseur.

Dans un premier temps, un suivi de la cinétique de dégradation de la MA et de la DMA ont été réalisés. Cette étude cinétique concerne d'abord l'ozonation de la MA et de la DMA en absence et en présence de catalyseur afin de comparer les deux procédés. Ensuite, les sous-produits inorganiques de ces deux composés ont été identifiés. Le pH et la concentration initiale des composés pouvant avoir une influence sur l'élimination de la DMA, l'effet de ces paramètres a été étudié.

Enfin, une tentative d'identification de quelques sous-produits organiques de la MA et de la DMA formés au cours du traitement a été réalisée.

V.1. Comparaison de dégradation de la MA et de la DMA par ozonation et ozonation catalytique
V.1.1. Evolution de la MA et de la DMA

Des expériences d'ozonation et d'ozonation catalytique de la méthylamine et de la diméthylamine ont été réalisées à pH 6,9 et à une température de 25 °C afin de comparer les deux procédés. Pour chacun de ces deux composés, une concentration initiale de 200 µM a été sélectionnée.

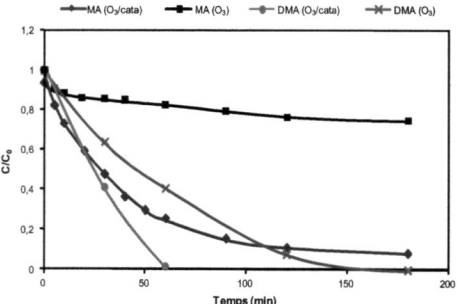

Figure V.1. Effet du catalyseur sur l'élimination de la MA et de la DMA par ozonation.
($[O_3]_{entrée}$ = 2700 mg $O_3.h^{-1}$; masse$_{cata}$ = 0,8 g.L^{-1} ; pH = 6,9 ; T = 25 °C ; $[MA]_0$ = $[DMA]_0$ = 200 µM)

Les résultats présentés sur la Figure V.1 indiquent que la vitesse de dégradation de la MA est supérieure dans le cas de l'ozonation catalytique par rapport à l'ozonation seule. En effet la dégradation de la MA est respectivement de 84 % et de 20 % après 90 minutes de réaction. Cette différence s'explique notamment par la présence de catalyseur. La réaction entre l'ozone et la MA est lente.

Les courbes d'évolutions de la DMA indiquent que la présence de catalyseur dans la solution améliore la dégradation de la DMA. En présence de catalyseur, on constate une dégradation totale après seulement 60 minutes de réaction, au lieu de 180 minutes de réaction en absence de catalyseur. La dégradation de la DMA est plus rapide que la MA en présence comme en absence du catalyseur.

L'ozone seul peut dégrader l'amine secondaire mais pas l'amine primaire et l'ozonation catalytique dégrade ces deux amines.

Des expériences en absence d'ozone et en présence de catalyseur ont montré une absence d'évolution de la concentration en MA et DMA indiquant que la dégradation de la MA et de la DMA serait due uniquement à l'oxydation et non pas à une éventuelle adsorption sur le catalyseur.

L'effet de la concentration initiale en DMA a été étudié à pH libre. L'ozonation catalytique a été appliquée dans le réacteur semi-continu contenant une solution aqueuse de DMA à différentes concentrations initiales (50, 200 et 400 µM). Les résultats sont indiqués sur le tableau V.1.

Tableau V.1. Valeurs de C/C_0 pour différentes concentrations de diméthylamine à pH 6,9.

	Temps d'ozonation (min)	
	30	**60**
Concentrations (µM)		
400	0,54	0,29
200	0,41	0,017
50	0,13	< LD

Comme observé dans les chapitres précédents, la concentration initiale en DMA a un effet remarquable sur la cinétique de dégradation (Tableau V.1). Plus la concentration initiale est grande, plus le pourcentage de dégradation est faible.

Comme le montre le tableau V.1, la concentration résiduelle en DMA est très faible (inférieure à 6 µM) après 30 minutes de traitement pour une concentration initiale de 50 µM. Comme indiqué précédemment, cette forte dégradation n'est pas due à l'adsorption de la DMA à la surface du catalyseur, mais uniquement à l'ozonation catalytique.

V.1.2. Sous-produits inorganiques

Les sous-produits inorganiques azotés formés par ozonation et ozonation catalytique de la MA et de la DMA à pH libre ont été analysés par chromatographie ionique et pour une concentration initiale de composé de 200 µM (Figure V.2).

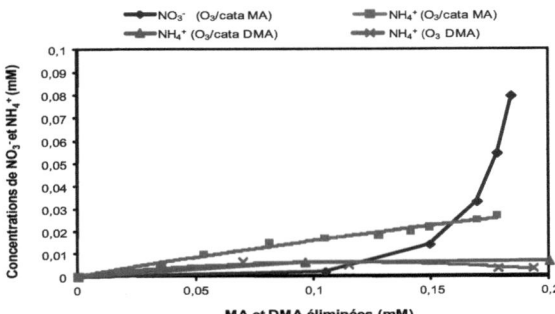

Figure V.2. Sous-produits inorganiques de MA et DMA par ozonation et ozonation catalytique à pH libre.
($[O_3]_{entrée}$ = 2700 mg $O_3.h^{-1}$; masse$_{cata}$ = 0,8 g.L^{-1} ; pH = 6,9 ; T = 25 °C ; $[MA]_0$ = $[DMA]_0$ = 200 µM)

Les sous-produits d'oxydation de la MA par ozonation catalytique sont les ions nitrate et ammonium et les sous-produits d'oxydation de la DMA en présence et en absence de catalyseur sont les ions ammonium (Figure V.2).

- *Les analyses effectuées après 180 minutes de réaction de dégradation de la MA montrent que :*
- à pH libre et en absence de catalyseur, aucun composé inorganique n'a été détecté ;
- à pH libre et en présence de catalyseur, le taux d'ions nitrate formés (0,45 mol NO_3^- / mol MA éliminé) est supérieur à celui des ions ammonium (0,16 mol NH_4^+ / mol MA éliminée) ;
- l'ion nitrite n'a pas été détecté lors de l'ozonation et l'ozonation catalytique de la MA.

- *Les analyses effectuées après 60 et 180 minutes de réaction de dégradation de la DMA montrent que :*
- à pH libre, en absence et en présence de catalyseur, seuls les ions ammonium sont formés (0,017 mol NH_4^+ / mol de DMA éliminée et 0,032 mol NH_4^+ / mol DMA éliminée respectivement) ;
- l'évolution de la concentration en ions ammonium présentée sur la Figure V.2 indique que la quantité formée est faible par rapport à la quantité de DMA décomposée ;
- en présence et en absence de catalyseur, cette oxydation conduit majoritairement à la production d'ions ammonium, sans qu'il n'y ait formation d'ions nitrate ni d'ions nitrite.

V.2. Sous-produits organiques de décomposition de la MA

Les sous-produits organiques de la MA ont été recherchés par analyse en CG/SM.

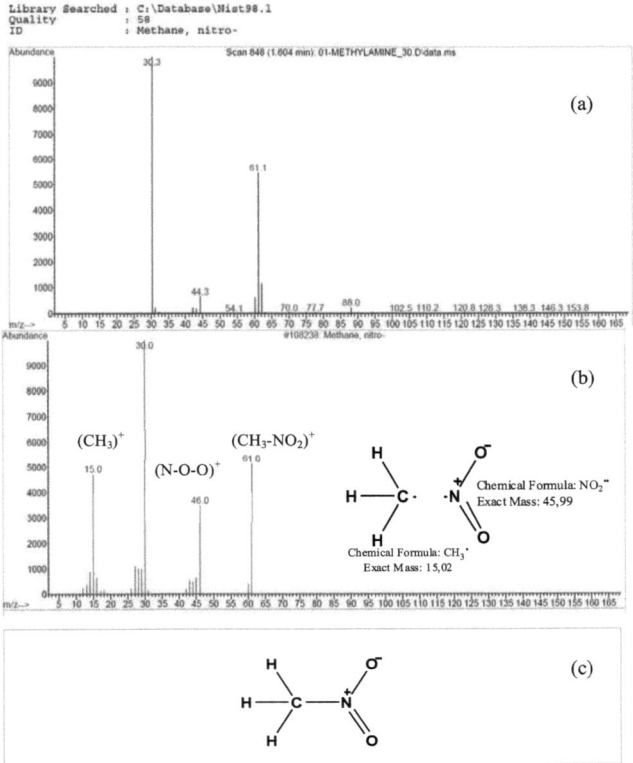

Figure V.3. Spectre de masse obtenu par impact électronique d'un échantillon de MA après 30 minutes d'ozonation catalytique (a), spectre de masse de NM (b) et structure de NM (c). ($[O_3]_{entrée}$ = 2700 mg $O_3.h^{-1}$; masse$_{cata}$ = 0,8 g.L^{-1} ; pH = 6,9 ; $[MA]_0$ = 200µM)

Une réponse intense correspondant aux ions de masses m/z 30 (fragment –NO) et m/z 61 a été observée pour un temps de rétention de 1,6 min. Malgré le temps de rétention très faible (élution dans le pic de solvant), le spectre de masse du composé a pu être clairement distingué par soustraction du bruit de fond correspondant au pic de solvant. Par comparaison avec une base de données de spectres de masse (National Institute of Standards and Technology, USA), le composé a été identifié comme étant le nitrométhane, de formule chimique $\underline{CH_3NO_2}$ (masse molaire 61 g/mol). La Figure V.3 présente les ions observés par ozonation catalytique de MA à pH libre (a) comparé au spectre du nitrométhane (NM) (b) et sa structure (c), la quantification du composé n'a pas pu être faite par manque d'une solution standard.

La Figure V.4 représente pour une concentration initiale en MA de 200 µM, l'évolution de la formation de NM en fonction du temps d'ozonation (0, 30 et 120 minutes) ou d'ozonation catalytique (0 et 30 minutes) à pH libre.

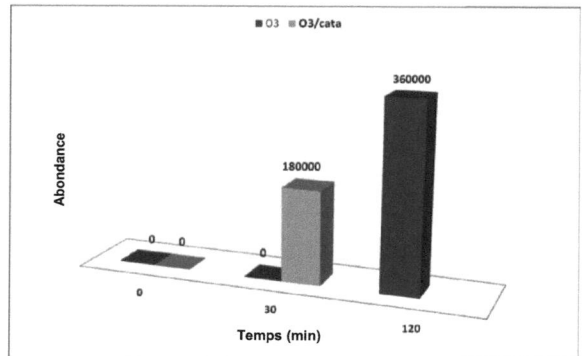

Figure V.4. Nitrométhane formé par ozonation et ozonation catalytique de la MA.
($[O_3]_{entrée} = 2700$ mg $O_3.h^{-1}$; masse$_{cata} = 0,8$ g.L^{-1} ; pH = 6,9 ; $[MA]_0 = 200$ µM)
O_3/cata : pas de résultat disponible.

D'après la Figure V.4, la formation de NM est observée après 30 minutes de réaction par ozonation catalytique et après 120 minutes de réaction par ozonation seule. La faible concentration de NM par ozonation catalytique pourrait être expliquée par la dégradation de cette dernière dans le milieu réactionnel.

V.3. Ozonation et ozonation catalytique de la DMA
Dans un premiers temps l'influence du pH sur l'ozonation et l'ozonation catalytique de la DMA a été étudiée. Ensuite, puisque de très faibles concentrations en ions ammonium ont été observées en fin d'expérience et comme il n'y pas de présence de nitrite ni nitrate, la présence de sous-produits organiques azotés résultant de la décomposition de la DMA a été recherchée.

V.3.1. Influence du pH

Une série d'expériences d'ozonation et d'ozonation catalytique de la DMA (concentration initiale 200 μM) a été effectuée à différentes valeurs de pH (3 ; 6,9 et 10). Plusieurs publications (Faria *et al.*, 2008, Ernst *et al.*, 2004 et d'autres…) ont rapporté que la présence d'un tampon phosphate entraîne une inhibition significative de l'activité catalytique de l'ozonation. Pendant nos expériences, le pH des solutions a été ajusté à l'aide de solutions de H_2SO_4 et NaOH sans utiliser de solution tampon. Dans le cas de notre étude, aucune adsorption de DMA sur la surface de catalyseur n'a été signalée aux différents pH étudiés. La diméthylamine est une base dont le pKa est 10,73, une valeur plus élevée que la méthylamine (10,64) et la trimethylamine (9,79). La forme majoritaire à pH < 9 serait donc le cation diméthylamine $(CH_3)_2-NH_2^+$.

Tableau V.2. Pourcentage d'élimination de la DMA par ozonation et ozonation catalytique pour différents pH.

pH	O_3			$O_3/cata$		
	Temps (min)					
	10	30	60	10	30	60
3	-	9	12	-	5	6
6,9	-	36	59	-	46	97
10	95	-	-	95	-	-

D'après le tableau V.2, on remarque que le pH initial a un effet remarquable sur l'élimination de la DMA par ozonation et ozonation catalytique.

Quand le pH initial est basique (pH$_0$ = 10), la dégradation de la DMA est très rapide (95% d'élimination après 10 minutes de traitement) et totale par ozonation et par ozonation catalytique après 30 minutes de traitement. La réactivité des radicaux OH° sur la DMA est importante et dans ces conditions il n'a pas été possible de mettre en évidence un effet catalytique.

Lorsqu'on diminue le pH initial à 3, la dégradation de la DMA est beaucoup plus faible qu'à pH basique. Le procédé catalytique ne présente pas d'influence significative sur la dégradation de la DMA en milieu acide par rapport à l'ozonation seule.

À pH libre (6,9) la dégradation est moins importante qu'à pH 10. Le taux d'élimination de la DMA atteint 95 % en présence de catalyseur et 60 % en absence de catalyseur après 60 minutes de réaction.

D'après ces résultats, on constate que l'augmentation du pH initial peut influencer les réactions de dégradation, la décomposition de l'ozone, ainsi que la production d'espèces actives augmentant avec le pH. Cette conclusion est confirmée par les travaux de Faria *et al.*, 2006. Donc plus l'ozone est décomposé, mieux la DMA est dégradée.

La valeur du pH a généralement un effet important sur l'élimination des polluants organiques lors de l'ozonation catalytique, du fait de son influence sur la décomposition de l'ozone, les propriétés de surface du catalyseur ainsi que la dissociation des polluants organiques en solution aqueuse (Lei *et al.*, 2007 ; Faria *et al.*, 2008).

À pH = 10 ; valeur de pH plus grande que du pH_{pzc} du catalyseur (pH_{pzc} = 5,7), des charges négatives coexistant à la surface du catalyseur et la diméthylamine est présentée sous forme de cation $(CH_3)_2\text{-}NH_2^+$. Une interaction peut avoir lieu avec ces derniers sites, cela est bénéfique pour la meilleur oxydation de la diméthylamine.

V.3.2. Sous-produits organiques de décomposition de la DMA

Les sous-produits organiques de la DMA ont été recherchés par analyse en CG/SM. Ces expériences ont été effectuées suivant les conditions analytiques décrites dans le tableau II.6 (chapitre II) avec un mode d'ionisation par impact électronique. Dans ces conditions, quatre sous-produits ont été identifiés par ozonation et ozonation catalytique, la N-nitrosodiméthylamine (NDMA), le Nitrométhane (NM), la diméthylcynamide (DMC) et la dimethylformamide (DMF).

V.3.2.1. Formation de N-Nitrosodiméthylamine (NDMA)

Une série d'expériences a été réalisée pour déterminer les sous-produits organiques formés lors de l'ozonation et l'ozonation catalytique de la DMA. Les expériences ont été effectuées dans un réacteur semi continu avec une concentration initiale en DMA de 200 µM à différents pH (3 ; 6,9 et 10).

L'analyse de la NDMA et la DMA a été effectuée par la technique CG/SM après extraction sur phase solide (Voir II.3.4.2).

Le spectre de masse de la NDMA (correspondant à un temps de rétention t_R = 4,2 min), est représenté sur la Figure V.5. Le pic de rapport m/z = 74 correspond au pic de l'ion moléculaire de la NDMA et le pic m/z = 44 correspond au fragment $(N(CH_3)_2)^+$.

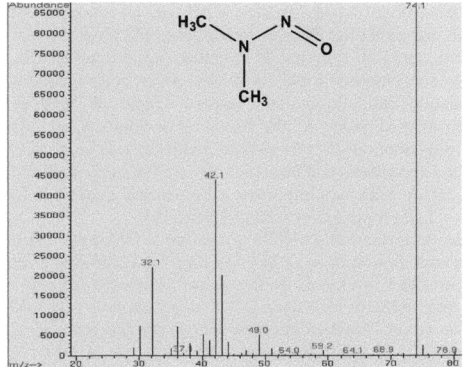

Figure V.5. Spectre de masse de la NDMA par impact électronique de l'ozonation catalytique de la DMA à pH 10
(Note : le fragment m/z 42 est présent dans la ligne de base)

La Figure V.6 présente les concentrations en NDMA formée par ozonation et ozonation catalytique dans différentes conditions expérimentales. Une demi-dose d'ozone à pH 10 a été appliquée pour quantifier la NDMA et identifier les autres sous-produits éventuellement formés lors de la dégradation de 50% de la DMA.

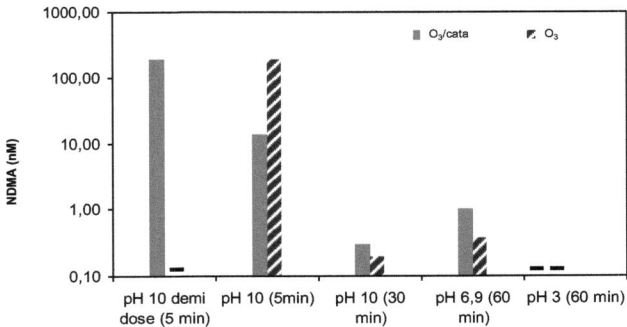

Figure V.6. Formation de la NDMA, par ozonation et ozonation catalytique de la DMA.
($[O_3]_{entrée}$ = 2700 mg $O_3.h^{-1}$; $masse_{cata}$ = 0,8 $g.L^{-1}$; T = 25 °C ; $[DMA]_0$ = 200µM ; élimination totale de la DMA exceptée pour l'ozonation seule à pH 6,9 : 59 % d'élimination et pour les expériences à pH 3 : > 12 % d'élimination)

Les résultats des expériences effectuées montrent que le taux de formation en NDMA les plus élevés sont observés à pH 10 en ozonation et en ozonation catalytique dans nos conditions expérimentales.

Dans les mêmes conditions expérimentales à pH 10, la concentration en NDMA après 5 minutes de réaction par ozonation est plus importante (188 nM) que par ozonation catalytique (14 nM). Par contre, après 30 minutes de réaction, on constate que la NDMA est dégradée conjointement avec le composé initial, la DMA et les concentrations de la NDMA après ozonation et ozonation catalytique étant respectivement de 0,19 et 0,3 nM. Lorsqu'on applique une demi-dose d'ozone à pH 10, la concentration en NDMA en présence de catalyseur devient plus importante (190 nM) qu'en absence de catalyseur (valeur < LD).

Sachant qu'un même rendement d'élimination de la DMA (95 % d'élimination) a été obtenu pour les pH 6,9 et 10, un écart très important a été observé quant à la formation de la NDMA pour ces deux pH (< 1 nM à pH 6,9 et > 10 nM à pH 10).

A pH 3, il n'y a pas de formation de NDMA puisque la DMA est très peu dégradée (Tableau V.2). Ces résultats sont en accord avec la littérature, les composés N-nitroso et en particulier la NDMA présentant des rendements de formation très faibles lors de la réaction de l'ozone avec la DMA (rapport molaire inférieur à 0,4 % par rapport à la DMA à pH 10,5) et leur formation augmentant avec l'augmentation du pH (Andrzejewski et al., 2008).

L'influence de l'ozonation et de l'ozonation catalytique de la DMA sur la formation de la NDMA a été examinée à pH 6,9 et 10. Les résultats sont présentés dans le tableau V.3. Le rendement de la réaction de formation de la NDMA est très faible et ne dépasse pas 0,00054 % dans le cas de l'ozonation catalytique à pH libre. Le rendement de la réaction est plus important à pH 10 après 5 minutes de réaction (0,1 %). Nos rapports molaires sont faibles par rapport aux résultats de la littérature.

Tableau V.3. Pourcentage de conversion molaire en NDMA pour la dégradation de la DMA (200 μM) éliminée à différents pH.

pH	NDMA (%)	
	O_3	O_3/cata
6,9 (60 min)	0,00018	0,00054
10 (30 min)	0,00010	0,00015
10 (5 min)	0,1	0,007

Les travaux de (Yang et al., 2009 ; Nawrocki et Andrzejewski. 2011) et notre étude, nous amènent à proposer un mécanisme pour la formation de la NDMA (Figure V.7).

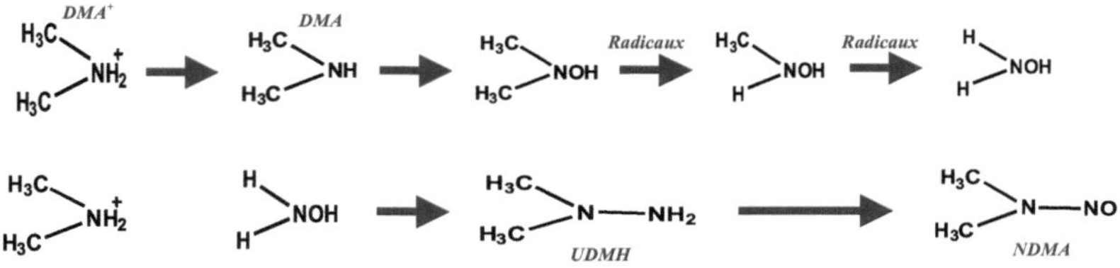

Figure V.7. Mécanisme de formation de la NDMA par ozonation de la DMA.

V.3.2.2. Nitrométhane (NM) et autres sous-produits détectés

Des échantillons de la solution de DMA oxydée ont été analysés par la technique CG/SM en mode full scan (15 - 500 m/z) afin d'identifier d'éventuels autres sous-produits. Comme dans le cas de la méthylamine, les mêmes ions de masses m/z 30 et m/z 61 ont été observés pour un temps de rétention de 1,6 min. Ceci indique la formation de nitrométhane lors de l'ozonation et l'ozonation catalytique de la DMA.

La Figure V.8 présente l'abondance du nitrométhane formé (ion majoritaire m/z 30) par ozonation et ozonation catalytique dans différentes conditions expérimentales (la quantification du composé n'a pas pu être faite par manque d'une solution standard).

129

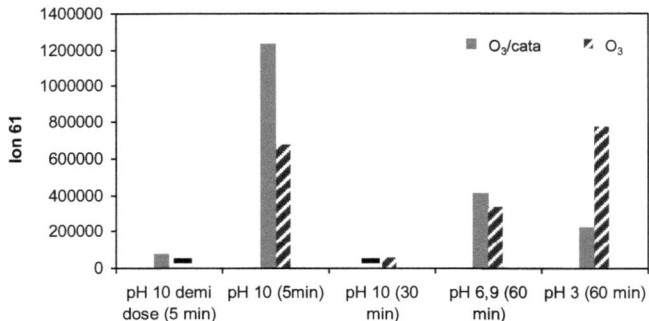

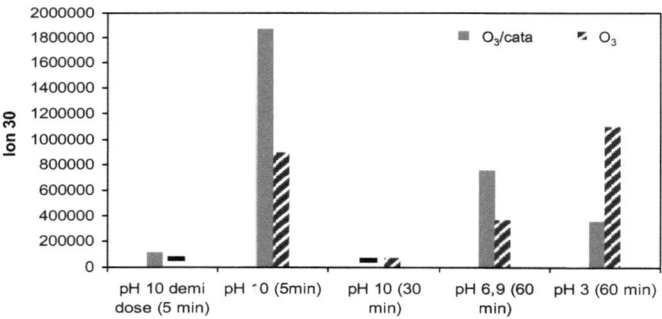

Figure V.8. Formation de nitrométhane lors de l'ozonation et l'ozonation catalytique de la DMA (ion 30 et ion 61).
([O$_3$]$_{entrée}$ = 2700 mg O$_3$.h^{-1} ; masse$_{cata}$ = 0,8 g.L^{-1} ; T = 25 °C ; [DMA]$_0$ = 200μM ; élimination totale de la DMA exceptée pour l'ozonation seule à pH 6,9 : 59 % d'élimination et pour les expériences à pH 3 : > 12 % d'élimination)

Pour les expériences réalisées à pH 10, la présence de NM est importante et ce composé semble être dégradé au cours du temps soit par ozonation ou par ozonation catalytique. La présence de NM après 5 minutes de réaction par ozonation catalytique est plus importante que par ozonation seule. Par contre la vitesse de dégradation de NM par ozonation catalytique est plus élevée que celle par ozonation seule.

Le nitrométhane peut se former à pH 3 malgré la faible dégradation de la DMA. À pH libre et après 60 minutes de réaction, le NM formé par ozonation et ozonation catalytique est faible par rapport à l'ozonation et l'ozonation catalytique de la DMA à pH 10 après 5 minutes de réaction. L'abondance du NM formé par oxydation de la DMA est plus importante que celle observée après l'oxydation de la MA.

D'autres sous-produits de la DMA ont été observés lors des expériences d'ozonation catalytique à pH basique. Le chromatogramme obtenu par la technique CG/SM est représenté sur la Figure V.9.

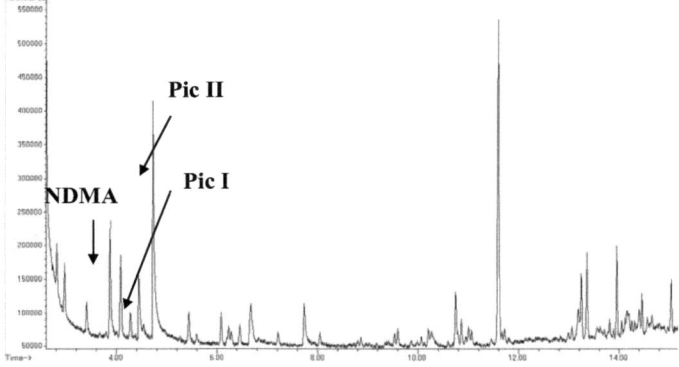

Figure V.9. Chromatogrammes des analyses par CG/SM de la DMA, à t = 5 minutes en ozonation catalytique à pH 10.

a) Identification du pic I

Un pic à 4,43 minutes dans les conditions d'analyse présente le spectre de masse suivant (Figure V.10).

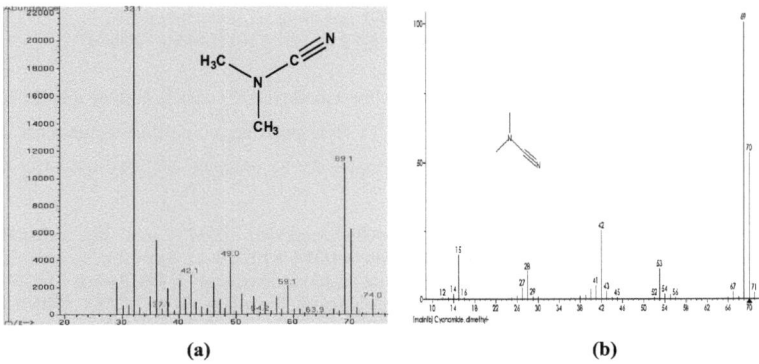

(a)   (b)

Figure V.10. Spectre de masse obtenu en impact électronique sur un échantillon de DMA après 5 minutes d'ozonation catalytique (a), spectre de masse de DMC (b).
($[O_3]_{entrée}$ = 2700 mg $O_3.h^{-1}$; $masse_{cata}$ = 0,8 g.L^{-1} ; pH = 10 ; $[DMA]_0$ = 200µM)
(Note : le fragment m/z 32 est visible dans tous les spectres)

131

Par comparaison avec le spectre de la dimethylcyanamide (DMC) dans la base de donnés, les résultats montrent que le pic de rapport m/z 70 correspond au pic de l'ion moléculaire du composé identifié comme étant la dimethylcyanamide. La présence des ions majoritaires m/z 69 et 42 confirment l'identification du composé.

b) *Identification du pic II*

Un pic sort à 4,72 minutes dans les conditions d'analyse présente le spectre de masse suivant (Figure V.11)

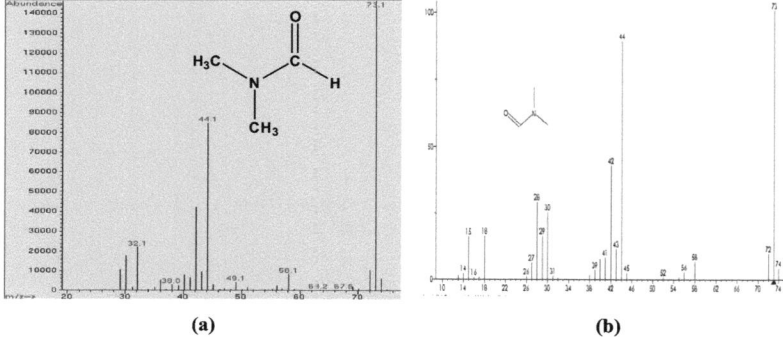

(a)   (b)

Figure V.11. Spectre de masse obtenu en impact électronique sur un échantillon de DMA après 5 minutes d'ozonation catalytique (a), spectre de masse de DMF (b).
($[O_3]_{entrée}$ = 2700 mg O_3.h^{-1} ; masse$_{cata}$ = 0,8 g.L^{-1} ; pH = 10 ; $[DMA]_0$ = 200µM)

Par comparaison avec le spectre de la dimethylformamide (DMF) dans la base de donnés, les résultats montrent que le pic de rapport m/z 73 correspond au pic de l'ion moléculaire du composé identifié comme étant la dimethylformamide. La présence des ions m/z 44 et 42 valide cette hypothèse.

La dimethylformamide (DMF) et la dimethylcyanamide (DMC) ont été détectées **uniquement lors de l'ozonation catalytique de la DMA à pH 10.** La formation de ces sous-produits a été rapportée dans la littérature lors de la chloramination de la DMA et de l'UDMH (structure, Figure V.7), intermédiaire impliqué dans la formation de la NDMA (Mitch et Sedlak. 2002).

132

V.4. Conclusion

D'après cette étude, la DMA peut être dégradée par ozonation comme par ozonation catalytique mais la MA se dégrade plus rapidement par ozonation catalytique.

En ce qui concerne les sous-produits inorganiques de la MA par ozonation catalytique, les ions nitrate sont majoritairement formés (0,45 mol NO_3^- / mol MA éliminée) et les ions ammonium (0,16 mol NH_4^+ / mol MA éliminée) ont également été détectés. Concernant les sous-produits inorganiques de la DMA, seuls les ions ammonium ont été formés par ozonation et par ozonation catalytique en très faible quantité (0,017 mol NH_4^+ / mol DMA éliminée et 0,032 mol NH_4^+ / mol DMA éliminée respectivement). L'augmentation du pH jusqu'à 10 a permis une amélioration de l'élimination de la DMA par ozonation et ozonation catalytique. Le fait de diminuer le pH jusqu'à 3 s'est révélé néfaste pour l'élimination.

Des sous-produits organiques de la décomposition de la DMA et de la MA ont pu être identifiés dans cette étude par CG/SM. Les sous-produits de la DMA ont été : la NDMA et le NM par ozonation et ozonation catalytique. Deux autres sous-produits ont été détectés uniquement lors de l'ozonation catalytique de la DMA à pH 10 (DMC et DMF). Concernant les sous-produits de la MA, seul le nitrométhane a été détecté lors de l'ozonation et l'ozonation catalytique en plus faible quantité par rapport à l'oxydation de la DMA.

CONCLUSION GENERALE ET PERSPECTIVES

CONCLUSION GENERALE

Les objectifs de ce sujet de recherche au laboratoire étaient multiples :

- Démontrer l'activité d'un catalyseur solide lors de l'ozonation de solutions aqueuses de quelques molécules modèles (triazines et méthylamines),

- Contribuer à une meilleure connaissance sur les mécanismes impliqués dans l'ozonation catalytique.

Les travaux réalisés au cours de cette étude ont porté sur l'élimination de quatre composés par ozonation en présence et en absence de catalyseur, deux triazines : l'acide cyanurique (un composé réfractaire à l'ozone) ; et la mélamine, et deux méthylamines : la méthylamine et la diméthylamine. Le catalyseur utilisé lors de cette étude est un catalyseur hétérogène constitué d'un métal déposé par imprégnation sur un support d'oxyde métallique. Il a été préparé par mes soins sur la base d'un brevet déposé par ce laboratoire (CNRS).

La bibliographie abondante confirme que le sujet est d'actualité. Cependant peu de travaux ont réussi à dégrader les deux triazines. Plusieurs méthodes analytiques ont été utilisées pour analyser ces différentes molécules. Les paramètres cinétiques des réactions d'oxydation par ozonation catalytique de l'acide cyanurique et de la mélamine ont été déterminés et plusieurs facteurs physico-chimiques influant cette dégradation ont été étudiés. Plusieurs sous-produits organiques et inorganiques d'ozonation catalytique de l'acide cyanurique et de la mélamine ont été identifiés.

La première partie des chapitres III et IV ont porté sur les triazines, a montré que la dégradation de l'acide cyanurique est effective uniquement par ozonation en présence du catalyseur hétérogène. Le chapitre IV indique que la mélamine peut se dégrader par ozonation en présence comme en absence du catalyseur. La dégradation conduit à une minéralisation de 32 % et 22 % en ozonation catalytique pour l'acide cyanurique ($C_0 = 100$ µM) et la mélamine ($C_0 = 200$ µM) respectivement après 180 minutes d'ozonation dans nos conditions expérimentales, en réacteur semi continu.

Sur le plan cinétique, l'oxydation de l'acide cyanurique et de la mélamine, en présence de catalyseur, permet de distinguer deux phases. Dans la première phase (de 0 à 10 minutes de réaction) au cours de laquelle la concentration en ozone dissous augmente dans la solution, l'élimination rapide de l'acide cyanurique et de la mélamine a été modélisée par une loi cinétique d'ordre zéro. Dans la deuxième phase, au cours de laquelle la concentration en ozone dissous est stable dans la solution, la détermination de la constante cinétique de la réaction vis-à-vis des molécules organiques en présence de catalyseur a été effectuée après un décalage de l'origine du temps, $t_1 = t - 10$ selon l'équation générale ci-dessous.

$$v = -\frac{d[M]}{dt} = k[M]^{\alpha}[R]^{\beta}$$

R : oxydant ou réducteur ;
M : composé.

Les constantes apparentes de la dégradation de l'acide cyanurique par l'ozonation en présence de catalyseur ont été déterminées pour des concentrations initiales allant de 200 à 500 µM donnant $\alpha = 0,2$. Les constantes apparentes de la dégradation de la mélamine pour l'ozonation en présence du catalyseur ont été déterminées pour les concentrations initiales allant de 50 à 400 µM donnant $\alpha = 0,9$. Les résultats obtenus indiquent que la vitesse d'élimination de l'acide cyanurique et de la mélamine suit une loi cinétique d'ordre partiel inférieur à 1. Ces valeurs indiquent le rôle important de l'adsorption du composé dans le mécanisme.

Les facteurs influençant l'activité de l'ozonation catalytique en réacteur semi-continu, ont été ensuite étudiés. L'efficacité diminue avec l'augmentation de la concentration initiale. La température optimale de la réaction de dégradation de l'acide cyanurique était de 25 °C (298 K). L'élimination maximale de l'acide cyanurique est obtenue dans la gamme de pH libre entre 5,5 et 6,0. Cette efficacité diminue en augmentant ou en diminuant la valeur du pH initial. A pH entre 5,5 et 6,0 l'interaction entre le catalyseur chargé positivement et le composé chargé négativement, pourrait expliquer la dégradation maximale. L'interaction entre les deux sites de charge opposée, est bénéfique pour l'oxydation de l'azote et l'ouverture du cycle triazine.

Lorsque l'ozonation catalytique est appliquée à pH libre, les ions nitrate sont majoritairement formés (0,7 mol NO_3^- / mol d'acide cyanurique éliminé). Les ions nitrite et ammonium sont formés à faible quantité. Trois sous-produits organiques azotés de la dégradation de l'acide cyanurique ont été identifiés par la technique CL/SM/SM. Le mécanisme d'ozonation catalytique de l'acide cyanurique est proposé ci-dessous.

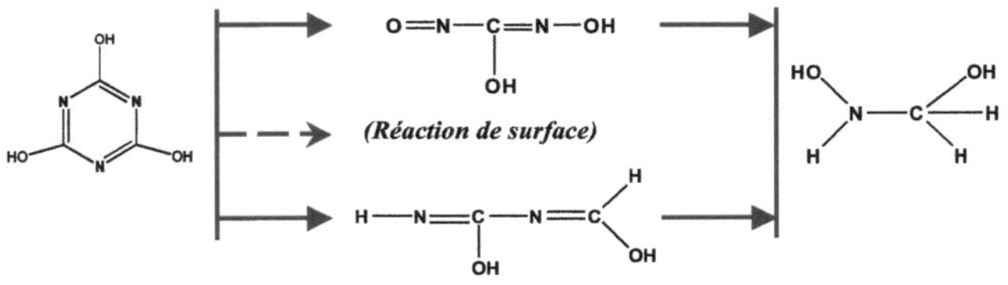

L'évolution de la toxicité lors de l'ozonation catalytique de l'acide cyanurique a été mesurée à l'aide du test Lumistox. La toxicité semble augmenter au cours de la dégradation de l'acide cyanurique ce qui peut être expliquée par la formation des sous-produits plus toxiques que le composé.

En ce qui concerne la mélamine (chapitre IV), une corrélation entre l'augmentation du pH et l'élimination de la mélamine par ozonation en présence et en absence de catalyseur a été étudiée. Comme dans le cas de l'acide cyanurique, l'efficacité de la dégradation en présence de catalyseur diminue avec l'augmentation de la concentration initiale.

À pH basique les ions nitrate sont majoritairement formés par ozonation catalytique (0,6 mol NO_3^- / mol mélamine éliminée) par rapport à l'ozonation seule (0,3 mol NO_3^-/ mol mélamine éliminée) après 180 minutes d'ozonation correspondant respectivement à 94 % et 68 % de d'élimination.

Quelques sous-produits de dégradation de la mélamine ont été identifiés par la technique CL/SM/SM. Les mêmes sous-produits ont été observés lors de l'ozonation seule et lors de l'ozonation catalytique de la mélamine. Néanmoins pour un même abattement en mélamine, la quantité des sous-produits formés par ozonation catalytique est plus importante que la quantité formée par ozonation seule.

Les sous-produits identifiés, ne confirment pas l'ouverture du cycle triazine mais l'hydroxylation de la mélamine en améline, ces résultats sont en accord avec le faible abattement de COT.

L'oxydation de la mélamine en présence de H_2O_2 mène à la formation de l'amméline, l'ammélide, et finalement à l'acide cyanurique (Bozzi *et al.*, 2004). En ozonation et dans nos conditions expérimentales, l'acide cyanurique n'est pas formé.

Comme dans le cas de l'acide cyanurique, le test de Lumistox indique que l'oxydation de la mélamine conduit à la formation de sous-produits plus toxiques que le produit initial.

Les résultats obtenus dans le dernier chapitre de cette étude (chapitre V) concernant l'oxydation de la méthylamine et de la diméthylamine ont montré que la diméthylamine peut être dégradée par ozonation comme par ozonation catalytique. Tandis que la méthylamine se dégrade mieux par ozonation catalytique. Lors de l'ozonation catalytique de la méthylamine, les ions nitrate sont formés (0,45 mol NO_3^- / mol méthylamine éliminée) et les ions ammonium (0,16 mol NH_4^+ / mol méthylamine éliminée) ont également été détectés. Seuls les ions ammonium ont été formés en très faible quantité par ozonation et par ozonation catalytique de la diméthylamine (0,017 mol NH_4^+ / mol diméthylamine éliminée et 0,032 mol NH_4^+ / mol diméthylamine éliminée respectivement).

Les sous-produits de dégradation de la méthylamine et de la diméthylamine ont été identifiés par la technique CG/SM. Le nitrométhane a été détecté lors de l'ozonation et l'ozonation catalytique de la méthylamine. La N-nitrosodiméthylamine (NDMA) et le nitrométhane (NM) par ozonation et ozonation catalytique de la diméthylamine, ont pu être identifiés au cours de cette étude. L'influence du pH sur la formation de la NDMA a été étudié. La concentration de la NDMA dans le réacteur est la résultante de sa formation et de sa dégradation.

En 2008, Andrzejewski *et al.* ont trouvé un pourcentage de formation de la NDMA à partir de l'ozonation de la diméthylamine de 0,4 % à pH 10,5. Le nitrométhane est un précurseur majeur de chloropicrine (trichloronitrométhane), sous-produit azoté formé lors de la chloration (conversion molaire de 45 %) (Merlet *et al.*, 1985).

Il a ainsi été montre que la préozonation d'eaux naturelles suivie d'une chloration augmente la formation de chloropicrine de 160 à 380 % par rapport à la chloration seule (Hoigne et Bader. 1988 ; Hu *et al.*, 2010).

La formation de nitrométhane observée dans la présente étude lors de l'ozonation de la DMA (amine présente dans les eaux naturelles) pourrait expliquer cette observation, la chloration de cet intermédiaire particulièrement réactif menant ensuite à d'importantes quantités de chloropicrine. Les présents travaux sont à notre connaissance la première preuve de la détection de nitrométhane lors de l'ozonation.

Dans nos conditions d'ozonation, la NDMA formée ne dépasse pas les 0,00015 % en présence de catalyseur et les 0,00010 % en absence de catalyseur. En ozonation seule et à pH 10, le rendement de la réaction deviens plus important (0,1 %) après 5 minutes de réaction.

D'après la littérature et les sous-produits identifiés, le mécanisme de la formation de la NDMA est proposé ci-dessous.

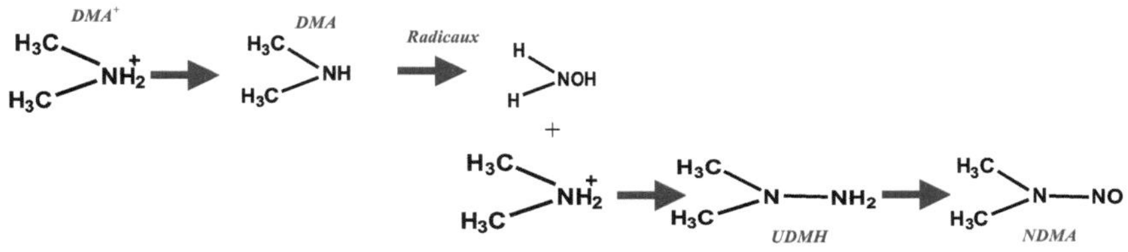

Deux autres sous-produits, la dimethylcyanamide (DMC) et la dimethylformamide (DMF) ont été également détectés **uniquement lors de l'ozonation catalytique de la diméthylamine à pH 10**. Le schéma de décomposition de la diméthylamine par ozonation catalytique à pH basique est proposé comme suit. Les sous-produits identifiés mettent en évidence des mécanismes de recombinaison radicalaires.

En conclusion, l'ozonation catalytique dans nos conditions expérimentales a réussi à dégrader l'acide cyanurique, composé encore répertorié comme réfractaire à tous procédés d'oxydation dans la littérature. Le catalyseur étudié a montré une efficacité quant à la dégradation et la minéralisation des différents composés organiques étudiés. Les sous-produits formés lors de l'ozonation sont différents de ceux formés lors de l'ozonation catalytique, qui montre l'existence de mécanismes de dégradation différente exceptés pour la mélamine (même sous-produits formés dans les deux cas). Toutes fois le pH et la concentration initiale en composé organique influencent fortement le mécanisme et l'efficacité de la dégradation de ces composés par l'ozonation en présence de catalyseur.

Perspectives

Les chapitres trois et quatre, consacrés à l'étude des triazines, posent notamment un certain nombre de questions et ouvrent de nouvelles directions de recherche. Une étude supplémentaire serait intéressant de mener afin d'élucider les sous-produits à l'origine de l'augmentation de la toxicité lors de la dégradation de l'acide cyanurique et de la mélamine.

Un travail complémentaire serait également intéressant, pour étudier l'influence des conditions expérimentales sur la réaction d'ozonation des méthylamines en présence de catalyseur.

Finalement, un travail doit être fourni sur l'étude structurale du matériau catalytique afin d'améliorer la dégradation des molécules. Une fois cette étape franchie, le traitement d'effluents réels par le procédé d'ozonation catalytique pourra être appréhendé.

REFERENCES BIBLIOGRAPHIQUES

REFERENCES BIBLIOGRAPHIQUES

A

Abd El-Raady A., Nakajima T. Decomposition of carboxylic acids in water by O_3, O_3/H_2O_2 and O_3/catalyst. *Ozone Sci and Eng.*, (2005), **27**, 11-18.

Abdo M.S.E., Shaban H., Bader M.S.H. Decolorization by ozone of direct dyes in presence of some catalysts. *Environ Sci Health.*, (1988), **23**, 697-710.

Acero J.L., Stemmler K., Von Gunten U. Degradation kinetic of atrazine and its degradation products with ozone and OH radicals : A predictive tool for drinking water treatment. *Environ Sci Technol.*, (2000), **34**, 591-597.

Adams N.H., Levi P.E., Hodgson E. In vitro studies of the metabolism of atrazine, simazine, and terbutryn in several vertebrate species. *Agric Food Chem.*, (1990), **38**, 1411-1417.

Andreozzi R., Caprio V., Marotta R., Vogna D. Paracetamol oxidation from aqueous solutions by means of ozonation and H_2O_2/UV system. *Water Research.*, (2003), **37**, 993-1004.

Andreozzi R., Insola A., Caprio V., D'Amore M.G. The kinetic of Mn(II)-catalyzed ozonation of oxalic acid in aqueous solution. *Water Research.*, (1992), **26**, 917-921.

Andrzejewski P., Fijolek L., Nawrocki J. An influence of hypothetical products of dimethylamine ozonation on *N*-nitrosodimethylamine (NDMA) formation. *Hazardous materials.*, (2012), **30**, 340-345.

Andrzejewskia P., Kasprzyk-Horderna B., Nawrockia J. *N*-nitrosodimethylamine (NDMA) formation during ozonation of dimethylamine-containing waters. *Water Research.*, (2008), **42**, 863-870.

Arantegui J., Prado J., Chamarro E., Esplugas S. Aqueous UV radiation and UV/H2O2oxidation of atrazine first degradation products : deethylatrazine and deisopropylatrazine. *Photochem. Photobiol. Chem.*, (1995), **88**, 65-74.

Arslan-Alaton I., Caglayan A.E. Toxicity and biodegradability assessment of raw and ozonated procaine penicillin G formulation effluent. *Ecotoxicol Environ Saf.*, (2006), **63**, 131-40.

ATSDR. Toxicological profile for N-nitrosodimethylamine. Préparé par le Syracuse Research Corporation en collaboration avec U.S. Environmental Protection Agency. Agency for Toxic Substances and Disease Registry, Public Health Service, U.S. Department of Health and Human Services, Washington, DC. (1989), 119p.

B

Backhaus T., Scholze M., Grimme L.H. The single substance and mixture toxicity of quinolones to the bioluminescent bacterium. Vibrio fischeri. *Aquatic Toxicology.*, (2000), **49**, 49-61.

Balci B., Oturan N., Cherier R., Oturan M.A. Degradation of atrazine in aqueous medium by electrocatalytically generated hydroxyl radicals. A kinetic and mechanistic study. *Water Research.*, (2009), **43**, 1924-1934.

Balcioglu I.A., Otker M. Treatment of pharmaceutical wastewater containing antibiotics by O_3 and O_3/H_2O_2 processes. *Chemosphere.*, (2003), **50**, 85-95.

Barbash J.E., Thelin G.P., Kolpin D.W., Gilliom R J. Major Herbicides in Ground Water : Results from the National Water-Quality Assessment. *Environmental Quality.*, (2001), **30**, 831-845

Barboza D., Barrionuevo A. Filler in animal feed is open secret in China. *The New York.*, (2007). Available at: http://www.nytimes.com/2007/04/30/business/worldbusiness/30food.html?pagewanted=all>.

Barratt P.A., Iong F. Ozone advanced oxidation for the treatment of hard COD and colour practical experiences.12th Ozone World Congress, Lille., (1995), 419-437.

Beltrán F.J., González M., Acedo B., Rivas F.J. Kinetic modelling of aqueous atrazine ozonation processes in a continuous flow bubble contactor. *Hazardous Materials.*, (2000), **B80**, 189-206.

Beltrán F.J., Acedo B., Rivas F.J., Gimeno O Pyruvic acid removal from water by simultaneous action of ozone and activated carbon. *Ozone Si Eng.*, (2005), **27**, 159-169.

Beltrán F.J., Aguinaco A., Garcia-Araya J.F. Mechanism and kinetics of sulfamethoxazole photocatalytic ozonation in water. *Water Research.*, (2009), **43**, 13-59.

Beltrán F.J., Pocostales P., Alvarez P., Oropesa A. Ozone and photocatalytic processes to remove the antibiotic sulfamethoxazole from water. *Water Research.*, (2008), **42**, 37-99.

Beltrán F.J., Rivas F.J., Montero-de-Espinosa R. Iron type catalysts for the ozonation of oxalic acid in water. *Water Research.*, (2005), **39**, 53-64.

Bezerra C.W.B., Zhang L., Liu H., Lee K., Marques A L B., Marques E P., Wang H., Zhang J. A review of heat-treatment effects on activity and stability of PEM fuel cell catalysts for oxygen reduction reaction. *Power Sources.*, (2007), **173**, 891-908.

Bigda R.J. Consider Fenton's Chemistry for Wastewater Treatment. *Chem Eng Progr.*, (1995), **91**, 62-66.

Bond T., Templeton M.R., Graham N. Precursors of nitrogenous disinfection by products in drinking water-A critical review and analysis. *Hazardous Materials.*, (2012), **235-236**, 1-16.

Boyd R. Herbicides and herbicide degradates in shallow groundwater and the Cedar River near a municipal well field, Cedar Rapids, Iowa. *Sci Total Environ.*, (2000), **24**, 241-253.

Bozzi A., Dhananjeyan M., Guasaquillo I., Parra S., Pulgarin C., Weins C., Kiwi J. Evolution of toxicity during melamine photocatalysis with TiO_2 suspensions. *Photochemistry and Photobiology A: Chemistry.*, (2004), **162**, 179-185.

Brown C.A., Jeong K.S., Poppenga R.H., Puschner B., Miller D.M., Ellis A.E., Kang K.I., Sum S., Cistola A.M., Brown S.A. Outbreaks of renal failure associated with melamine and cyanuric acid in dogs and cats in 2004 and 2007. *Vet. Diagn Invest.*, (2007), **19**, 525-531.

Bühler R.E., Staehelin J., Hoigné J. Ozone decomposition in water studied by pulse radiolysis. 1. $HO_2°$ and $HO_3°/ O_3°$ - as intermediates. *Physical Chemistry.*, (1984) **88**, 2560-2564.

Buxton G.V., Greenstock C.L., Helman W P., Ross A.B. Critical review of rate constants for reaction of hydrated electrons, hydrogen atoms and hydroxyl radicals (°OH/°O⁻) in aqueous solutions. *Phys Chem Ref Data.*, (1988), **17**, 513-886.

C

Canonica S., Meunier L., Gunten U. Phototransformation of selected pharmaceuticals during UV treatment of drinking water. *Water Research.*, (2008), **42**, 121-128.

Capel P., Larson S. Effect of scale on the behavior of atrazine in surface waters. *Environ Sci Technol.*, (2001), **35**, 648-657.

Cattaneo P., Ceriani L. Melamine in animal meals. *Tecnica Molitoria.*, (1988), **39**, 28-32.

Cháfer-Pericás C., Herráez-Hernán D.R., Campíns-Falcó P. A new selective method for dimethylamine in water analysis by liquid chromatography using solid-phase microextraction and two stage derivatization with *o*-phthalaldialdehyde and 9-fluorenylmethyl chloroformate. *Talanta.*, (2005), **66**, 1139-1145.

Chan E.Y.Y., Griffiths S.M., Chan C.W. Public-health risks of melamine in milk products. *Lancet.*, (2008), **372**, 1444-1445.

Chen J.W. Catalytic oxidation in advanced waste treatment. *Water AIChE Symposium Series.*, (1972) **69**, 61-70.

Chen K.C., Liao C.W., Cheng F.P., Chou C.C., Chang S.C., Wu J.H., Zen J.M., Chen Y.T., Liao J.W. Evaluation of Subchronic Toxicity of Pet Food Contaminated with Melamine and Cyanuric Acid in Rats. *Toxicologic Pathology.*, (2009), **37**, 959-968.

Chen W.R., Wu C., Elovitz M.S., Lindenb K.G., Suffet I.H. Reactions of thiocarbamate, triazine and urea herbicides, RDX and benzenes on EPA Contaminant Candidate List with ozone and with hydroxyl radicals. *Water Research.*, (2008), **42**, 137-144.

Choi W. Pure and modified TiO_2 photocatalysts and their environmental applications. *Surv Asia.*, (2006), **10**, 16-28.

Choi J., Valentine R.L. Formation of *N*-nitrosodimethylamine (NDMA) from reaction of monochloramine: a new disinfection by-product. *Water Research.*, (2002), **36**, 817-824.

Chramostaa N., De Laat J., Dorea M., Sutyb H., Pouillotb M. Détermination des constantes cinétiques de réaction des radicaux hydroxyles sur quelques s-triazines. *Environmental Technology.*, (1993), **14**, 215-226.

Cimino-Reale G., Ferrario D., Casati B., Brustio R., Diodovich C., Collotta A., Vahter M., Gribaldo L. Combined in-utero and juvenile exposure of mice to arsenate and atrazine in drinking water modulates gene expression and clonogenicity of myeloid progenitors. *Toxicol Lett.*, (2007), **180**, 59-66.

Cocchi M., Vascellari M., Gallina A., Agnoletti F., Angeletti R., Mutinelli F. Canine nephrotoxicosis induced by melamine-contaminated pet food in Italy. *Vet Med Sci.*, (2010), **72**, 103-107.

Cooper R.L., Stoker T.E., Goldman J.M., Parrish M.B., Tyrey L. Effect of atrazine on ovarian function in the rat. *Reprod. Toxicol.*, (1996), **10**, 257-264.

D

De Laat J., Doré M., Suty H. Oxydation de S-triazines par les procédés d'oxydation radicalaire. Sous-produits de réaction et constantes cinétiques de réaction. *Water Science.*, (1995), **8**, 23-42.

Delanoë F., Acedo B., Karpel Vel Leitner N., Legube B. Relationship between the structure of Ru/CeO_2 catalysts and their activity in the catalytic ozonation of succinic acid aqueous solutions. *App Cata B: Environ.*, (2001), **29**, 315-325.

Delouane B. Contribution à l'étude de l'oxydation de la matière organique par l'ozone et/ou le peroxyde d'hydrogène en présence de catalyseur solide, en milieu aqueux. *Thèse de Doctorat , Université de Poitiers.*, (1994), 157p.

Denisova T.G., Denisov E.T. Reactivity of ozone as a hydrogen-atom acceptor in reactions with antioxidants. *Polymer Degradation and Stability.*, (1998), 60, 345-350.

Dobson R.L., Motlagh S., Quijano M., Cambron R.T., Baker T.R., Pullen A.M., Regg B.T., Bigalow-Kern A.S., Vennard T., Fix A., Reimschuessel R., Overmann G., Shan Y., Daston G.P. Identification and characterization of toxicity of contaminants in pet food leading to an outbreak of renal toxicity in cats and dogs. *Toxicol Sci.*, (2008), **106**, 251-262.

Doll T.E., Frimmel F.H. Fate of pharmaceuticals-photodegradation by simulated solar UV light. *Chemosphere.*, (2003), **52**, 1757-1769.

Doré M. Chimie des oxydants et traitement des eaux, techniques et documentation. *Lavoisier.*, (1989), 505p.

Doré M., Legube B. Mécanisme d'action de l'ozone sur les composés aromatiques simples. *Hydrologie.*, (1983), **14**, 11-30.

Drinking Water Directive, 80/778/EEC, (1980).

E

Elmghari-Tabib M., Laplanche A., Venien F., Martin G. Ozonation of amines in aqueous solutions. *Water Research.*, (1982), **2**, 223-229.

El-Sayed W.S., El-Baz A.F., Othman A.M. Biodegradation of melamine formaldehyde by Micrococcus sp. strain MF-1 isolated from aminoplastic wastewater effluent. *International Biodeterioration & Biodegradation.*, (2006), **57**, 75-81.

Ernst M., Lurot F., Schrotter J.C. Catalytic ozonation of refractory organic model compounds in aqueous solution by aluminum oxide. *Appl Catal.*, (2004), **47**, 15-25.

F

Faria P.C.C., J.J.M. Órfão, M.F.R. Pereira, Activated carbon catalytic ozonation of oxamic and oxalic acids. *Appl Catal.*, (2008), **79**, 237-243.

Faria P.C.C., Órfão J.J.M., Pereira M.F.R. Ozone decomposition in water catalyzed by activated carbon: influence of chemical and textural properties. *Chem Res.*, (2006) **45**, 2715-2721.

Freeman B.A., Sharman M.C., Mudd J.B. Reaction of ozone with phospholipid vesicles and human erythrocyte ghosts. *Biochemistry and Biophysics.*, (1979), 197, 264-272.

G

Glaze W.H. Drinking- Water treatment with ozone. *Environmental Science and Technology.*, (1987) **21**, 224-230.

Gombert B. Etude de l'oxydation par l'ozone en présence de catalyseurs solides de molécules organiques en milieu aqueux. *Thèse de Doctorat , Université de Poitiers.*, (1999).

Gonzalez J., Puschner B., Perez V., Ferreras M.C., Delgado L., Muñoz M., Pérez C., Reyes L.E., Velasco J., Fernández V., García-Marín J.F. Nephrotoxicosis in Iberian piglets subsequent to exposure to melamine and derivatives in Spain between 2003 and 2006. *Vet Diagn Invest.*, (2009), **21**, 558-563.

Goutailler G., Valette J.C., Guillard C., Paissé O., Faure R. Photocatalysed degradation of cyromazine in aqueous titanium dioxide suspensions: comparison with photolysis. *Photochemistry and Photobiology A: Chemistry.*, (2001), **141**, 79-84

Gracia R., Aragües J.L., Ovelleiro J.L. Mn(II)- catalyzed ozonation of raw Ebro river water and its ozonation by-products. *Water Research.*, (1998), **32**, 57-62.

146

Gracia R., Aragües J.L., Ovelleiro J.L. Study of the catalytic ozonation of humic substances in water and their ozonation by-products. *Ozone Sci Eng.*, (1996), **18**, 195-208.

Gracia R., Aragues J.L., Cortés S., Ovelleiro J.L. Proceedings of the 12th World Congress of the International Ozone Association, Lille, France, (15-18 May 1995), 75p.

Grant W.M., Schulman J.S. Toxicology of the eye (1993), Springfield, IL.

Grosjean E., Grosjean D. The Reaction of unsaturated aliphatic oxygenates with ozone. *Atmospheric Chemistry.*, (1999), **32**, 205-232.

H

Haib A., Ku¨mmerer K. Biodegradability of the X-ray contrast compound diatrizoic acid, identification of aerobic degradation products and effects against sewage sludge micro-organisms. *Chemosphere.*, (2006), **62**, 294-302.

Hamada M., Wintersteiger R. Rapid screening of triazines and quantitative determination in drinking water. *Economic Commision for Europe.* (2002), **53**, 229-239.

Hammond B.G., Barbee S.J., Inoue T., Ishida N., Levinskas G.J., Stevens M.W., Wheeler A.G., Cascieri T. A review of toxicology studies on cyanurate and its chlorinated derivatives. *Environ Health Perspect.*, (1986), **69**, 287–292.

Han B.J., Ma J., Zhang T., Han H.D., Shen L.P., Zhang L.Z. Influence of catalytic ozonation process on suppressing bromate formation potential in drinking water treatment. *Huan Jing Ke Xue.*, (2008), **29**, 665-670.

Hau A.K., Kwan T.H., Li P.K. Melamine toxicity and the kidney. *American Society of Nephrology.*, (2009), **20**, 245-250.

Hayes T., Hasten K., Tsui M., Hoang A., Haeffele C., Vonk A. Atrazine-induced hermaphroditism at 0.1 ppb in American leopard frogs. *Environ Health Perspect.*, (2003), **111**, 568-575.

Hayes T.B., Collins S., Lee M., Mendoza M., Noriega N., Stuart A.A., Vonk A. Hermaphroditic, demasculinized frogs after exposure to the herbicide atrazine at low ecologically relevant doses. *Proc Natl Acad Sci.*, (2002), **99**, 5476-5480.

Helali S., Dappozze F., Horikoshi S., Hoai Bui T., Perol N., Guillard C. Kinetics of the photocatalytic degradation of methylamine Influence of pH and of UV-A/UV-B radiant fluxes. *Photochemistry and Photobiology A: Chemistry.*, (2013), In press.

Helali S., Puzenat E., Perol N., Safi M.J., Guillard C. Methylamine and dimethylamine photocatalytic degradation-Adsorption isotherms and kinetics. *Applied Catalysis.*, (2011), **402**, 201-207.

Hequet V., Le Cloirec P., Gonzalez C., Meunier B. Photocatalytic degradation of atrazine by porphyrin and phthalocyanine complexes. *Chemosphere.*, (2000), **41**, 379-386.

Hernández F., Hidalgo C., Sancho J.V., López. F.J. Coupled-column liquid chromatography applied to the trace-level determination of triazine herbicides and some of their metabolites in water samples. *Anal* Chem., (1998), 70, 3322-3328.

Hewes C.G., Davison R.R. Renovation of waste water by ozonation. *Water AIChe Symposium Series.*, (1972), **69**, 71-80.

Hoigné J., Bader H. Rate constants for reactions of ozone with organic and inorganic compounds in water –II. *Water Research.*, (1983a), **17**, 185-194.

Hoigné J., Bader H. Rate constants for reactions of ozone with organic and inorganic compounds in water –I Non dissociating organic compounds. *Water Research.,* (1983b), **7**, 173-183.

Hoigne J., Bader H. The formation of trichloronitromethane (chloropicrin) and chloroform in a combined ozonation/chlorination treatment of drinking water. *Water Research.*, (1988), **23**, 313–319.

Hoigne J., Bader H. The role of hydroxyl radical reactions in ozonation processes in aqueous solutions. *Water Research.*, (1975), **10**, 377-386.

Hoigné J., Bader H., Haag W.R., Staehelin J. Rate constants for reactions of ozone with organic and inorganic compounds in water –III. *Water Research.*, (1985), **19**, 993-1004.

Hostachy J.C., Lenon G., Pisicchio J.L., Coste C., Legay C. Reduction of pulp and paper mill pollution by ozone treatment. *Wat Sci Tech.*, (1997), **35**, 261-268.

Hu J., Song H., Addison J.W., Karanfil T. Halonitromethane formation potentials in drinking waters. *Water Research.,* (2010b), **44**, 105-114.

Hu J., Song H., Karanfil T. Comparative analysis of halonitromethane and trihalomethane formation and speciation in drinking water: The effects of disinfectants, pH, bromide, and nitrite. *Environmental Science & Technology.*, (2010a), **44**, 794-799.

Huber M.M., Canonica S., Park G.Y., Von Gunten U. Oxidation of pharmaceuticals during ozonation and advanced oxidation processes. *Environ Sci Technol.*, (2003), **37**, 1016-24.

Huber M.M., Gobel A., Joss A., Hermann N., Loffler D., Mcardell C.S, McArdell C S., Ried A., Siegrist H., Ternes T A., Von Gunten U. Oxidation of pharmaceuticals during ozonation of municipal wastewater effluents: a pilot study. *Environ Sci Technol.*, (2005), **39**, 4290-4299.

Huerta F., Morallon E., Perez J.M., Vazquez J.L., Aldaz A. Oxidation of methylamine and ethylamine on Pt single crystal electrodes in acid medium. *Electroanal Chem.*, (1999), **469**, 159-169.

Hureiki L., Croue J. P., Legube B., Doré M. Ozonation of amino acids : Ozone demand and aldehyde formation. *Ozone : science & engineering.*, (1998), **20**, 381-402.

Hureiki L., Croue J.P. Etude de la chloration et de l'ozonation d'acides aminés libres et combinés en milieu aqueux dilué. *Thèse de Doctorat, Université de Poitiers.*, (1993).

I

Ihle B.U., Cox R.W., Dunn S.R., Simenhoff M.L. Determination of body burden of uraemic toxins. *Clin Nephrol.*, (1984), **22**, 82-89.

J

Jacob C.C., Reimschuessel R., Von Tungeln L.S., Olson G.R., Warbritton A.R., Hattan D.G., Beland F.A., Gamboa da Costa G. Dose-response assessment of nephrotoxicity from a 7-day combined exposure to melamine and cyanuric acid in F344 rats. *Toxicological Sciences.*, (2011), **119**, 391-397.

Jacob C.C., Gamboa da Costa G., Von Tungeln L. S., Hasbrouck N. R., Olson G. R., Hattan D. G., Reimschuessel R., Beland F. A. Dose-response assessment of nephrotoxicity from a twenty-eight-day combined-exposure to melamine and cyanuric acid in F344 rats. *Toxicology and Applied Pharmacology.*, (2012), **262**, 99-106.

Jiang H., Adams C.D., Koffskey W. Determination of chloro-s-triazines including didealkylatrazine using solid phase extraction coupled with gas chromatography–mass spectrometry. *Chromatography A.*, (2005), **1064**, 219-226.

Jiang H., Adams C. Treatability of chloro-s-triazines by conventional drinking water treatment technologies. *Water Research.*, (2006), **40**, 1657-1667.

Jiménez-Soto J.M., Cárdenas S., Valcárcel M. Dispersive micro solid-phase extraction of triazines from watersusing oxidized single-walled carbon nanohorns as sorbent. *Chromatogr A.*, (2012), **1245**, 17-23.

Johnson D.C., Feng J., Houk L.L. Direct electrochemical degradation of organic wastes in aqueous media. *Electrochim Acta.*, (2000), **46**, 323-330.

Joo S.H., Mitch W.A. Nitrile, Aldehyde and Halonitroalkane Formation during Chlorination/Chloramination of Primary Amines. *Environmental Science & Technology.*, (2007), **41**, 1288-1296.

Joseph J.M., Jacob T.A., Manoj V.M., Aravindakumar C.T., Mohan H., Mittal J.P. Oxidative degradation of triazine derivatives in aqueous medium: a radiation and photochemical study. *Agric Food Chem.*, (2000), **48**, 3704-3709.

Jutzi K., Cook A.M., Huitter R. The degradative pathway of the s-triazine melamine. The steps to ring cleavage. *Biochemical.*, (1983), **208**, 679-684.

K

Kachina A., Preis S., Lluellas G.C., Kallas J. Gas-Phase and Aqueous Photocatalytic Oxidation of Methylamine: The Reaction Pathways. Photoenergy., (2007).

Kalsch W. Biodegradation of the iodinated X-ray contrast media diatrizoate and iopromide. *Sci Total Environ.*, (1999), **225**, 143-153.

Karpel Vel Leitner N., Delanoë B.B., Legube B., Luck F. Effects of catalysts during ozonation of salicylic acid, peptides and humic substances in aqueous solution. *Ozone Sci Eng.*, (1999), **21**, 261-276.

Karpel Vel Leitner N., Fu H. pH effects on catalytic ozonation of carboxylic acids with metal on metal oxides catalysts. *Topics in Catalysis.*, (2005), **33**, 249-256.

Karpel Vel Leitner N., Gombert B., Legube B., Luck F. Impact of catalytic ozonation on the removal of achelating agent and surfactants in aqueous solution. *Water Sci Technol.*, (1998), **38**, 203-209.

Karpel Vel Leitner N., Doré M. Mechanism of the Reaction Between Hydroxyl Radicals and Glycolic, Glyoxylic, Acetic and Oxalic Acids in Aqueous Solution: Consequence on Hydrogen Peroxide Consumption in the H_2O_2/UV and O_3/H_2O_2 Systems. *Water Research.*, (1997), **31**, 1383-1397.

Kantak M.V., De Manrique K.S., Aglave R.H., Hesketh R.P. Methylamine oxidation in a flow reactor: Mechanism and modelling . *Combustion and Flame.*, (1997), 108, 235-265.

Kasprzyk-Hordern B., Ziółek M., Nawrocki J. Catalyticozonation and methods of enhancing molecular ozone reactions in water treatment. *Appl Catal B Environ.*, (2003), **46**, 639-669.

Kim B.S., Fujita H., Sakai Y., Sakoda A., Suzuki M. Catalytic ozonation of an organophosphorus pesticide using microporous silicate and its effect on total toxicity reduction. *Water Sci Technol.*, (2002), **46**, 35-41.

Kim S., Choi W. Kinetics and Mechanisms of Photocatalytic Degradation of $(CH_3)nNH_4$'n+ ($0 \leq n \leq 4$) in TiO_2 Suspension: The Role of OH Radicals. *Environ Sci Technol.*, (2002), **36**, 2019-2025.

Klaning U.K., Sehested K., Holcman J. Standard Gibbs energy of formation of hydroxyl radical in aqueous solution. Rate constants for the reaction chlorite (ClO_2^-) + ozone.dlarw.ozone (-1) + chlorine dioxide. *Phys Chem.*, (1985), **89**, 760-763.

Klimova M.N., Tarunin B.I., Aleksandrov Y.A. Oxydation of lower aliphatic alcohols by ozone in the presence of silicon and aluminium oxides. *Kinetika in kataliz.*, (1985), **26**, 1143-1148.

Kowalsky L. Certified pool-SPA operator. *National Swimming Pool Foundation: Texas.*, (1992), 46p.

Kuo C.H., Huang C.H. Aqueous phase ozonation of chlorophenols. *Hazardous Materials.*, (1995), **41**, 31-45.

L

Lachenmeier D.W., Humpfer E., Fang F., Schütz B., Dvortsak P., Sproll C., Spraul M. NMR-spectroscopy for nontargeted screening and simultaneous quantification of health-relevant compounds in foods: the example of melamine. *Agric Food Chem.*, (2009), **57**, 7194-7199.

Lam C.W., Lan L., Che X., Tam S., Wong S.S.Y., Chen Y., Jin J., Tao S.H., Tang X.M., Yuen K.Y., Tam P.K.H. Diagnosis and spectrum of melamine-related renal disease: plausible mechanism of stone formation in humans. *Clin Chim Acta.*, (2009), **402**, 150-155.

Lange F., Cornelissen S., Kubac D., Sein M.M., Sonntag J.V., Hannich C.B., Golloch A., Heipieper H.J., Möder M., Sonntag C.V. Degradation of macrolide antibiotics by ozone: A mechanistic case study with clarithromycin. *Chemosphere.*, (2006), **65**, 17-23.

Langlais B., Reckhow D.A. et Brink D.R. Ozone in Water Treatment: Application and Engineering, American Water Works Association Research Foundation, Lewis Publishers, Michigan, USA (1991).

Leconte F. Etude des propriétés de transport des métabolites du phosethyl-AL et de l'atrazine chez les plantes supérieures en relation avec l'aptitude à la systémie de ces molécules. Thèse : Doct : physiologie végétale appliquée, Poitiers, (1989), 141p.

Lee C., Yoon J.J. UV-A induced photochemical formation of *N*-nitrosodimethylamine (NDMA) in the presence of nitrite and dimethylamine. *Photochem Photobiol. A: Chem.*, (2007), **189**, 128-134.

Lee Y., Gunten U.V. Oxidative transformation of micropollutants during municipal wastewater treatment: Comparison of kinetic aspects of selective (chlorine, chlorine dioxide, ferrateVI, and ozone) and non-selective oxidants (hydroxyl radical). *Water Research.*, (2010), 44, 555-566.

Lei L., Gu L., Zhang X., Su Y. Catalytic oxidation of highly concentrated real industrial wastewater by integrated ozone and activated carbon. *Appl Catal A: Gen.*, (2007), **327**, 287-294.

Liu Z.Q., Ma J., Cui Y.H., Zhao L., Zhang B.P. Influence of different heat treatments on the surface properties and catalytic performance of carbon nanotube in ozonation. *Applied Catalysis B: Environmental.*, (2010), **101**, 74-80.

Liu Z.Q., Mab J., Cui Y.H., Zhao L., Zhang B.P. Factors affecting the catalytic activity of multi-walled carbon nanotube for ozonation of oxalic acid. *Separation and Purification Technology.*, (2011), **78**, 147-153.

M

Ma J., Graham J.D. Degradation of atrazine by manganese-catalysed ozonation: influence of humique substances. *Water Research.*, (1999), **33**, 785-793.

Ma J., Graham J.D. Preliminary investigation of manganese-Catalysed ozonation of the destruction of atrazine. *Ozone science.*, (1997), **19**, 227-240.

Macyk W., Burgeth G., Kisch H. Photoelectrochemical properties of platinum (IV) chloride surface modified TiO2. *Photochem Photobiol Sci.*, (2003), **2**, 322-328.

Mast R.W., Jeffcoat A.R., Sadler B.M., Kraska R.C, Friedman M.A. Metabolism, disposition and excretion of [14C] melamine in male Fischer 344 rats. *Food and Chemical Toxicology.*, (1983), **21**, 807–810.

Melnick R.L., Boorman G.A., Haseman J.K., Montali R.J., Huff J. Urolithiasis and bladder carcinogenicity of melamine in rodents. *Toxicol Appl. Pharmacol.*, (1984), **72**, 292-303.

Merz J.H., Waters W.A. Some oxidations involving the free hydroxyl radical. *Chem Soc.*, (1949), S15-S25.

Minero C., Mariella G., Maurino V., Pelizzetti E. Photocatalytic Transformation of Organic Compounds in the Presence of Inorganic Anions. 1. Hydroxyl-Mediated and Direct Electron-Transfer Reactions of Phenol on a Titanium Dioxide−Fluoride System. *Langmuir.*, (2000a), **16**, 2632-2641.

Minero C., Mariella G., Maurino V., Vione D., Pelizzetti E. Photocatalytic Transformation of Organic Compounds in the Presence of Inorganic Ions. 2. Competitive Reactions of Phenol and Alcohols on a Titanium Dioxide−Fluoride System. *Langmuir.*, (2000b), **16**, 8964-8972.

Mirvish S.S. Formation of N-nitroso compounds: chemistry, kinetics, and in vivo occurrence. *Toxicol Appl Pharmacol.*, (1975), **31**, 325-351.

Mitch W.A., Sedlak D.L. Factors controlling nitrosamine formation during wastewater chlorination. *Water Sci Technol.*, (2002), **2**, 191-198.

Mudd J.B., Leavitt R., Alpaslan O., McManus T.T. Reaction of ozone with amino acids and proteins. *Atmospheric Environment.*, (1969), 3, 669-681.

Muñoz F., Von Sonntag C. The reactions of ozone with tertiary amines including the complexing agents nitrilotriacetic acid (NTA) and ethylenediaminetetraacetic acid (EDTA) in aqueous solution. *Chem Soc Perkin Trans.*, (2000), **2**, 2029-2033.

Munter R.R., Kamenev S.B., Preis S.V., Siidre E.K., khudak V.I. Catalytic treatment of waste water with ozone. *Water Chem Technol.*, (1985), **8**, 149-152.

Murakami T.N., Fukushima Y., Hirano Y., Tokuoka Y., Takahashi M., Kawashima N. Modification of PS films by combined treatment of ozone aeration and UV irradiation in aqueous ammonia solution for the introduction of amine and amide groups on their surface. *Applied Surface Science.*, (2005), 249, 425-432.

N

Nawrockia J., Kasprzyk-Hordern B. The efficiency and mechanisms ofcatalyticozonation. *Appl Catal B Environ.*, (2010), **99**, 27-42.

Nelson H, Lin J, Frankenberry M. Drinking Water Exposure Assessment for Atrazine and Various Chloro triazine and Hydroxy-triazine Degradates. Washington, DC : U.S. Environmental Protection Agency (2001).

Newton G.L., Utley P.R. Melamine as a dietary nitrogen source for ruminants. *Anim Sci.*, (1978), **47**, 1338-1344.

Nilubol D., Pattanaseth T., Boonsri K., Pirarat N., Leepipatpiboon N. Melamine- and cyanuricacid-associated renal failure in pigs in Thailand. *Vet Pathol.*, (2009), **46**, 1156-1159.

Nohara K., Hidaka H., Pelizzeti E., Serpone N. Dependence on chemical structure of the production of NH_4^+ and/or NO_3^- ions during the photocatalyzed oxidation of nitrogencontaining substances at the titania/water interface. *Catalysis Letters.*, (1995), **36**, 115-118.

O

Oh Y.C., Jenks W.S. Photocatalytic degradation of a cyanuric acid, a recalcitrant species. *Photochemistry and Photobiology A: Chemistry.*, (2004), **162**, 323-328.

Oleksy-Frenzel J., Wischnack S., Jekel M. Application of ion-chromatography for the determination of the organic-group parameters AOCl, AOBr and AOI in water. *Fresenius Anal Chem.*, (2000), **366**, 89-94.

P

Parsons S. Advanced oxidation processes for water and wastewater treatment. *IWA Publishing*, UK (2004).

Patel K., Jones K. Analytical method for the quantitative determination of cyanuric acid as the degradation product of sodium dichloroisocyanurate in urine by liquid chromatography mass spectrometry. *Chromatogr B.*, (2007), **853**, 360-363.

Peleg M., The chemistry of ozone in the treatment of water. *Water Research.*, (1976), **10**, 361-365.

Pelizzetti E., Maurino V., Minero C., Carlin V., Pramauro E., Zerbinati O., Tosato M.L. Photocatalytic degradation of atrazine and other s-triazine herbicides. *Environ Sci Technol.*, (1990), **24**, 1559-1565.

Pelizzetti E., Minero C., Carlin V., Vincenti M., Pramauro E., Dolci M. Identification of photocatalytic degradation pathways 2-Cl-s-triazine herbicides and detection of their decomposition intermediates. *Chemosphere.*, (1992), **24**, 891-910.

Pereira V.J., Linden K.G., Weinberg H.S. Evaluation of UV irradiation for photolytic andoxidative degradation of pharmaceutical compounds in water. *Water Research.*, (2007a), **41**, 4413-4423.

Pereira V.J., Weinberg H.S., Linden K.G., Singer P.C. UV degradation kinetics and modelling of pharmaceutical compounds in laboratory grade and surface water via direct and indirect photolysis at 254 nm. *Environ Sci Technol.*, (2007b), **41**, 1682-1688.

Pines D., Reckhow D.A. Effect of Dissolved Cobalt (II) on the ozonation of oxalic acid. *Environ Sci Technol.*, (2002), **36**, 4046-4051.

Pratap K., Lemley A.T. Fenton electrochemical treatment of aqueous atrazine and metolachlor. *Agric Food Chem.*, (1998), **46**, 3285-3291.

Puschner B., Poppenga R.H., Lowenstine L.J., Filigenzi M.S., Pesavento P.A. Assessment of melamine andcyanuricacid toxicity in cats. *Vet Diagn Invest.*, (2007), **19**, 616-624.

Puschner B., Reimschuessel R. Toxicosis caused by melamine andcyanuricacid in dogs and cats: uncovering the mystery and subsequent global implications. *Clin Lab Med.*, (2011), **31**, 181-199.

Putschew A., Schittko S., Jekel M. Quantification of triiodinated benzene derivatives and X-ray contrast media in water samples by liquid chromatography–electrospray tandem mass spectrometry. *Chromatogr A.*, (2001), **930**, 127-134.

Putschew A., Wischnack S., Jekel M. Occurrence of triiodinated X-ray contrast agents in the aquatic environment. *Sci Total Environ.*, (2000), **255**, 129-134.

Q

Qu X., Zheng J., Zhang Y. Catalytic ozonation of phenolic wastewater with activated carbon fiber in a fluid bed reactor. *Colloid and Interface Science*, (2007), **309**, 429-434.

R

Rakovski S., Cherneva D. Kinetics and mechanism of the reaction of ozone with aliphatic alcohols. *Chemical kinetics.*, (1990), **22**, 321-329.

Reimschuessel R., Gieseker C.M., Miller R.A., Ward J., Boehmer J., Rummel N., Heller D.N., Nochetto C., De Alwis G.K., Bataller N., Andersen W.C., Turnipseed S.B., Karbiwnyk C.M., Satzger R.D., Crowe J.B., Reinhard M.K., Roberts J.F., Witkowski M.R. Evaluation of the renal effects of experimental feeding of melamine and cyanuricacid to fish and pigs. *Am J Vet Res.*, (2008), **69**, 1217-1228.

Reimschuessel R., Puschner B. Melamine toxicity – stones vs. Crystals. *Med. Toxicol.*, (2010), **6**, 468-469.

Rosal R., Rodriguez A., Perdigon-Melon J.A., Mezcua M., Hernando M.D., Leton P., Garcia-Calvo E., Aguera A., Fernandez-Alba A.R. Removal of pharmaceuticals and kinetics of mineralization by O_3/H_2O_2 in a biotreated municipal wastewater. *Water Research.*, (2008), **42**, 3719-3728.

Rosenfeldt E.J., Linden K.G., Destruction of endocrine disrupting chemicals in water with direct UV and UV/H_2O_2 advanced oxidation. *Environ Sci Technol.*, (2004), **38**, 76-83.

S

Sanchez-Polo M., Von Gunten U., Rivera-Utrilla J. Efficiency of activated carbon to transform ozone into •OH radicals: influence of operational parameters. *Water Research.*, (2005), **39**, 3189-9198.

Schottler S.P., Eisenreich S.J. Herbicides in the great Lakes. *Environ Sci Technol.*, (1994), **28**, 2228-2232.

Sénat. Annexe 47– L'atrazine. La qualité de l'eau et assainissement en France (annexes).

Shemer H., Kunukcu Y.K., Linden K.G. Degradation of the pharmaceutical metronidazole via UV, Fenton and photo-Fenton processes. *Chemosphere.*, (2006), **63**, 69-76.

Shiomi N., Yamaguchi Y., Nakai H., Fujita T., Katsuda T., Katoh S. Degradation of cyanuricacid in soil by Pseudomonas sp. NRRL B-12227 using bioremediation with self-immobilization system. *Bioscience and Bioengineering.*, (2006), **102**, 206-209.

Skinner C.G., Thomas J.D., Osterloh J.D. Melamine toxicity. *Med Toxicol.*, (2010), **6**, 50-55.

Soaresa Olívia Salomé G.P., Órfãoa José J.M., Portelab D., Vieirab A., Pereiraa Manuel Fernando R. Ozonation of textile effluents and dye solutions under continuous operation: Influence of operating parameters. *Hazardous Materials.*, (2006), **137**, 1664-1673.

Solomon K. Ecological risk assessment of atrazine in North American surface waters. *Environ Toxicol Chem.*, (1996), **15**, 31-76.

Staehelin J., Buhler R.E., Hoigné J. Ozone decomposition in water studied by pulse radiolysis: 2 °OH and °HO4 as chain intermediates. *Physical Chemistry.*, (1984), **24**, 5999-6004.

Staehelin J., Hoigné B. Decomposition of ozone in water in the presence of organic solutes acting as promoters and inhibitors if radical chain reactions. *Environ Sci Technol.*, (1985), **19**, 1206-1213.

Staehelin J., Hoigné J. Decomposition of ozone in water in presence of organic solutes acting as promoters and inhibitors of radical chain reactions. *Environmental Science and Technology.*, (1985), **19**, 1206-1213.

Staehelin J., Hoigné J. Decomposition of ozone in water: Rate of initiation by hydroxide ions and hydrogen peroxide. *Environmental Science and Technology.*, (1982), **16**, 676-681.

Stafford U., Gray K A., Kamat P.V. Radiolytic and TiO$_2$ assisted photocatalytic degradation of 4-chlorophenol. A comparative study. *Phys Chem.*, (1994), **98**, 6343-6351.

Steensen M. Chemical oxidation for the treatment of leachate. Process comparison and results from full-scale plants. *Wat Sci Tech.*, (1997), **114**, 433-439.

Steger-Hartmann T., Lange R., Schweinfurth H, Tschampel M., Rehmann I. Investigations into the environmental fate and effects of iomromide, a widely used iodinated X-ray contrast medium. *Water Research.*, (2002), **36**, 266-274.

Suarez S., Dodd M.C., Omil F., Von Gunten U. Kinetics of triclosan oxidation by aqueous ozone and consequent loss of antibacterial activity: Relevance to municipal wastewater ozonation. *Water Research.*, (2007), **41**, 2481-2490.

Suty H., De Traversay C., Coste M. Applications of advanced oxidation processes: present & future. Proceedings of the 3rd Conference on the Oxidation Technologies for Water and Wastewater Treatment, Goslar, Germany, May 18-22 (2003)., 8p.

Świetlik J., Dąbrowska A., Raczyk-Stanisławiak U., Nawrocki J. Reactivity of natural organic matter fractions with chlorine dioxide and ozone. *Water Research.*, (2004), 38, 547-558.

T

Tasli S., Patty L., Boeti H., Vachaud G., Scharf C., Favre-Bonvin J., Kaouadji M., Tissut M. Presistance and leaching of atrazine in corn culture in the experimental site of La Cote Saint Andre (Isere, France). *Arch Environ Contamin Technol.*, (1996), **30**, 203–212.

Ternes T.A., Hirsch R. Occurrence and behavior of X-ray contrast media in sewage facilities and the aquatic environment. *Environ Sci Technol.*, (2000), **34**, 2741-2748.

Thompson F.E., Sharratt P.N.,Hutchison J. Oxidation of the organic pollutant 1,4-dioxan in aqueous solution in the presence of ozone and transition metal oxide catalysts. *The 1996 Ichem Reserch Event/Second Europen Conference For Young Researchers.*, (1996), **2**, 651-653.

Thurman E.M., Goolsby D.A., Meyer M.T., Kolpin D.W. Herbicides in surface watersof the midwestern United States: The effect of spring flush. *Environ Sci Technol.*, (1991), **25**, 1794-1796.

Tong S.P., Liu W.P., Leng W.H., Zhang Q.Q. Characteristics of MnO_2 catalytic ozonation of sulfosalicylic acid and propionic acid in water. *Chemosphere.*, (2003), **50**, 1359-1364.

Tuazon E.C., Arey J., Atkinson R., Aschmann S.M. Gas-phase reactions of 2-vinylpyridine and styrene with OH and NO_3 radicals and O_3. *Environmental Science and Technology.*, (1993), **27** ,1832-1841.

Tyan Y.C., Yang M.H., Jong S.B., Wang C.K., Shiea J. Melamine contamination. *Anal Bioanal Chem.*, (2009), **395**, 729-735.

V

Varelis P., Jeskelis R. Preparation of [13C3]-melamine and [13C3]-cyanuric acid and their application to the analysis of melamine and cyanuric acid in meat and pet food using liquid chromatography-tandem mass spectrometry. *Food Additives and Contaminants*, (2008), **25**, 1208-1215.

Vogna D., Marotta R., Napolitano A., Andreozzi R., d'Ischia M. Advanced oxidation of the pharmaceutical drug diclofenac with UV/H_2O_2 and ozone. *Water Research.*, (2004), **38**, 414-422.

Volk C., Roche P., Joret J.C., Paillard H. Comparison of the effect of ozone, ozone hydrogen peroxide system and catalytic ozone on the biodegradable organic matter of a fulvic acide solution. *Water Research.,* (1997), **31**, 650-656.

Von Gunten U. Ozonation of drinking water: Part I. Oxidation kinetics and product formation. *Water research.*, (2003), **37**, 1443-1467.

W

Watanabe N., Horikoshi S., Hidaka H., Serpone N. On the recalcitrant nature of the triazinic ring species,cyanuricacid, to degradation in Fenton solutions and in UV-illuminated TiO_2 (naked) and fluorinated TiO_2 aqueous dispersions. *Photochemistry and Photobiology A: Chemistry.*, (2005), **174**, 229-238.

Weast R.C. In Handbook of Chemistry and Physics, 61st Edition, CRC Press Inc., Boca Raton, Florida (1980).

Wert E.C., Rosario-Ortiz F.L., Snyder S.A. Effect of ozone exposure on the oxidation of trace organic contaminants in wastewater. *Water Research.*, (2009), **43**, 1005-1014.

Westerhoff P., Aiken G., Amy G., Debroux J. Relationships between the structure of natural organic matter and its reactivity towards molecular ozone and hydroxyl radicals. *Water Research.,* (1999), **33**, 2265-2276.

Wu C.H., Kuo C.Y., Chang C.L. Homogeneous catalytic ozonation of C.I. Reactive Red 2 by metallic ions in a bubble column reactor. *Hazard Mater.*, (2008), **154**, 748-755.

Wu Y.N., Zhao Y.F., Li J.G. Melamine Analysis Group, A survey on occurrence of melamine and its analogues in tainted infant formula in China. *Biomed Environ Sci.*, (2009), **22**, 95-99.

X

Xin H., Stone R. Chinese probe unmasks high-tech adulteration with melamine. *Science.*, (2008), **322**, 1310-1311.

Xu B., Chen Z., Qi F., Ma J., Wu F. Inhibiting the regeneration of N-nitrosodimethylamine in drinking water by UV photolysis combined with ozonation. *Hazardous Materials.*, (2009), **168**, 108-114.

Y

Yang L., Hu C., Nie Y., Qu J.H. Surface acidity and reactivity of β-FeOOH/Al$_2$O$_3$ for pharmaceuticals degradation with ozone: in situ ATR-FTIR studies. *Appl Catal B Environ.*, (2010), **97**, 340-346.

Yang L., Chen Z., Shen J., Xu Z., Liang H., Tian J., Ben Y., Zhai X., Shi W., Li G. Reinvestigation of the nitrosamine-formation mechanism during ozonation. *Environ Sci Technol.*, (2009), **43**, 5481-5487.

Yao C.C.D., Haag W.R. Rate constants for direct reactions of ozone with several drinking water contaminants. *Water Research.*, (1991), **25**, 761-773.

Yhee J.Y., Brown C.A., Yu C.H., Kim J.H., Poppenga R., Sur J.H. Retrospective study of melamine/cyanuric acid induced renal failure in dogs in Korea between 2003 and 2004.*Vet Pathol.*, (2009), **46**, 348-354.

Yoshida M., Nouchi I., Toyama S. Studies on the role of active oxygen in ozone injury to plant cells. I. Generation of active oxygen in rice protoplasts exposed to ozone. *Plant Science.*, (1994), **95**, 197-205.

Z

Zaviska F., Drogui P., Mercier G., Blais J.F. Procédés d'oxydation avancée dans le traitement des eaux et des effluents industriels: Application à la dégradation des polluants réfractaires. *Water Science.*, (2009), **22**, 535-564.

Zenobia C.Y., Chan W.F. Revisiting the melamine contamination event in China: implications for ethics in food technology. *Trends Food Sci Technol.*, (2009), **20**, 366-373.

Zeyer J., Bodmer J., Hütter R. Rapid degradation of cyanuricacid by Sporothrix schenckii. *Zentralblatt für Bakteriologie Mikrobiologie and Hygiene.*, (1981), **2**, 99-110.

Zhang T., Li W., Croué J.P. A non-acid-assisted and non-hydroxyl-radical-related catalytic ozonation with ceria supported copper oxide in efficient oxalate degradation in water. *Applied Catalysis B: Environmental.*, (2012), **121-122**, 88-94.

Zhao L., Ma J., Sun Z., Liu H. Influencing mechanism of temperature on the degradation of nitrobenzene in aqueous solution by ceramic honeycomb catalytic ozonation. *Hazardous Materials.*, (2009), **167**, 1119-1125.

Zwiener C., Frimmel F.H. Oxidative treatment of pharmaceuticals in water. *Water Research.*, (2000), **34**, 1881-1885.

ABREVIATIONS ET NOMENCLATURE

ABREVIATIONS

AP	Acide pyruvique
APCI	Ionisation chimique à pression atmosphérique
APP	Acide propionique
AS	Acide succinique
ATZ	Atrazine
CA	Charbon actif
CAA	Chloroacétique
CAF	Charbon actif en fibre
CG	Chromatographie de gaz
CG/SM	Chromatographique en phase gazeuse couplée à la spectrométrie de masse
CLHP	Chromatographie en phase liquide à haute performance
CNT	Catalytique de nanotubes de carbone
COD	Carbone organique dissous
COT	Carbone organique total
CYA	Acide cyanurique
DBP	Disinfection By-Products
DDA	Didealkylatrazine
DDASS	Directions Départementales des Affaires Sanitaires et Sociales
DEA	Déséthylatrazine
DIA	Désisopropylatrazine
DJT	Dose journalière tolérable
DMA	Diméthylamine
DMHA	N-diméthylhydroxylamine
DRASS	Directions Régionales des Affaires Sanitaires et Sociales
EDTA	Acide éthylène diamine tétraacétique
EEC	European Economic Community
EI	Mode d'ionisation d'électrons en MS (Impact Electronique)
EPA	Environmental Protection Agency
ESI	Ionisation électrospray
FDA	US.Food and Drug Administration
FRR	Facteurs de réponse relatifs
HA	Hydroxylamine
HMSA	Acide Méthane Sulfonique
HNM	Halonitrométhanes
IRA	Insuffisance rénale aiguë
LD	Limite de détection
MA	Méthylamine
MEL	Mélamine
MHA	N-méthylhydroxylamine
MON	Matière organique naturelle
MWCNT	Nanotubes de carbone à parois multiples
NaDCC	Dichloroisocyanurate de sodium
NDMA	N-nitrosodiméthylamine
NM	Nitrosamines

NPN	Azote non protéique
OMS	Organisation mondiale de la Santé
PDA	Photodiode Array Detector
PROP	Propazine
SIM	Simazine
SIM	Selected Ion Monitoring
SSal	Acide sulfosalicylique
TCNM	Ttrichloronitrométhane
UDMH	Diméthylhydrazine asymétrique
USEPA	US Environmental Protection Agency
UV	Ultraviolette
WHO	World Health Organization

NOMENCLATURE

$V_{[S_2O_3^{-2}]}$	Volume de thiosulfate de sodium (L)
$[S_2O_3^{2-}]$	Concentration de la solution de thiosulfate de sodium (mg.L^{-1})
dp	Diamètre de particules
$E°$	Potentiel redox (v)
$HO_2°$	Radical hydroperoxyde
H_2O_2	Peroxyde d'hydrogène
I_{ct}	Luminescence initiale des bactéries
I_t	Luminescence des bactéries après un temps t d'incubation
MM	Masse molaire (g.mol^{-1})
$O_2\,(^1\Delta_g)$	Dioxygène singulet
$O_2°^-$	Radical superoxyde
$OH°$	Radical hydroxyle
pHPZC	pH à la surface d'un solide à charge zéro
Qm	débit massique (kg. s^{-1})
t	Temps (min)
T	Température (°C)
t-BuOH	ter-butanol
TiO_2	Dioxyde de titane
t_R	Temps de rétention
$\Delta Hf°$	Enthalpie de formation de l'ozone (kj.mol^{-1})
λ	Longueur d'onde (nm)

FIN

Printed by Books on Demand GmbH, Norderstedt / Germany